LESSON1

2040年の宇宙ライフ

君たちが大人になるころ、宇宙開発はどこまで進んでいるんだろう？　日本人初の月面着陸、月の町での暮らし、そして火星に行くことについてJAXAの佐々木宏さん（写真左）に教えてもらいます。

榎本麗美（れみさん）です！
この本でみんなの先生をつとめます。
これから7つのレッスンで一緒に宇宙飛行士をめざしていこう。

未来の宇宙で出会えるかもしれない!? 君たちと一緒に学ぶ宇宙人たちを紹介します

火星人

・かつて海だった氷の中から発見された草食生物
・大気が薄く音が伝わるのが遅いのでいち早く聞き取れるよう耳が大きい

タイタン星人

・土星の衛星タイタンにある液体メタンの海から誕生した原始的な生命体
・体はスライム状で目のように見えるのが「核」（目はない）

LESSON3

宇宙への挑戦

20世紀中ごろから始まった人類の宇宙進出。地球から宇宙をめざしてきたこれまでの道のりや、君たちの大先輩である日本人の宇宙飛行士を紹介します。

©AFP=時事

LESSON2

宇宙ってどんなところ？

宇宙に出るためには地上からどのくらい上がればいいの？　宇宙に行った人間の体にはどんなことが起こるの？　君たちがめざす宇宙について、基本的なことを知っておきましょう。

氷の下の住人

・木星の衛星エウロパやガニメデ、土星の衛星エンケラドスの表面を覆う氷の下の海から誕生した海洋生物
・深海魚みたいな見た目で頭の突起を使って音を感知する

LESSON5

宇宙飛行士になる方法

宇宙飛行士になるために必要なことを、JAXA宇宙飛行士候補者選抜試験を担当していた柳川孝二さん（写真左）、宇宙飛行士の訓練を担当していた上垣内茂樹さん（写真右）に教えてもらいます。

ガス惑星人

・木星や土星などのガス惑星で誕生した原始的なガス生命体
・目のように見えるのは影。自由に形を変えられて合体もできる

LESSON4

宇宙飛行士のリアル

JAXAの宇宙飛行士として宇宙に滞在した経験をもつ山崎直子さん（右写真）と金井宣茂さん（左写真）に、宇宙に行って感じたこと、宇宙飛行士のリアルな姿を教えてもらいます。

トラピスト星人

・太陽系外の恒星トラピスト1のまわりにある惑星に住む
・強い放射線や紫外線にも負けない硬い体とトゲトゲがある

LESSON7

宇宙をめざす君たちへ

最後のレッスンです。誰もが宇宙規模で活躍できる大人になれる宇宙飛行士的考え方、「宇宙飛行士マインド」についてお話しします。

LESSON6

やってみよう！仮想選抜試験対策

過去の選抜試験で出された問題にチャレンジ！　宇宙飛行士になる目標を達成するためのマンダラチャート®（写真）など、宇宙飛行士に必要なスキルが身につくとっておきの方法も伝授します。

「マンダラチャート」は一般社団法人マンダラチャート協会の登録商標です

めざせ! 未来の宇宙飛行士

榎本麗美

はじめに

この本は、「宇宙飛行士になる方法」を書いた本です。

はじめまして。私は、これから宇宙飛行士をめざすお手伝いをする、榎本麗美といいます。「れみさん」って、気軽に呼んでくださいね。

この本を手にしたということは、君の将来の夢は宇宙飛行士だということですよね？　よし！　じゃあ一緒に宇宙飛行士の夢に向かってレッツゴ〜！…っと、その前に、君に質問があります。

「宇宙飛行士ってどうやったらなれるのか、知っていますか？」

どんな準備をしたらいいのかな？

どんなふうに選ばれるのかな？

もしかして試験とかがあるの!?

そうです、日本の宇宙開発の中心であるＪＡＸＡ（国立研究開発法人宇宙航空研究開発機構）がおこなう「宇宙飛行士候補者選抜試験」という試験があります。

試験があることは知っていても、どんな試験かな？　謎だらけだなあ、と思っているんじゃないでしょうか？

大丈夫。この本は、そんな君をサポートするために作りました。

この本では、宇宙飛行士になる方法や、特別な訓練方法を伝授します。

宇宙飛行士になるための教科書だと思ってくださいね。

ではさっそく、宇宙飛行士への道を踏み出す君に、二つ大事なことを伝えます。

まず、一つめ！

「宇宙飛行士になりたい！」とめちゃくちゃ強く思ってください。何があっても、あきらめずに強く思い続けてください。

宿題が面倒くさいな……宇宙飛行士になる！　宇宙飛行士になる！

お友達とけんかしちゃった……宇宙飛行士になる！　宇宙飛行士になる！

私は、宇宙飛行士になる。宇宙飛行士になるために、全部必要なことなんだ！

こう思うことで、実は君の人生が大きく変わるのです。

そして、二つめ。

宇宙飛行士になりたいという「夢」を「目標」にしてください！

なんと、これができるようになったのは最近のことなのです。2023年に、新しい宇宙飛行士候補者が2人誕生しました。月へ向かうことになる、「アルテミス世代」といわれる宇宙飛行士です。

君もその姿をみて「宇宙飛行士になりたい！」と思ったのかもしれませんね。

でも、この2人は13年ぶりに選ばれた宇宙飛行士で、その前に選ばれたのは10年ぶり……と、これまでは、いつ宇宙飛行士の募集があるのかわからなかったのです。

ところが、すごいことが起こりました！ JAXAは「これから5年ごとに試験をおこなう予定です」と発表したのです。これがどういうことかというと、宇宙飛行士の募集を「待ち続ける」のではなく、自分で宇宙飛行士になる計画を立てて学び、宇宙飛行士を「めざせる」ようになったということなのです！

宇宙飛行士になるためには、宇宙飛行士になりたい「夢」を、「目標」にすることが、とっても大事な最初のステップです。

みんなの先生をつとめるれみさんは、子どもの頃から宇宙が大好きで、宇宙の図鑑や本をたくさん読んできました。小学生の時に、「地球にいる生き物はどうやって誕生したの？」ととても不思議に思い、ワクワクしながら調べていたら、宇宙の謎に行きつきました。

宇宙ってすごく不思議！　面白い！　多くの人に伝えたい、知ってほしい！　と思い、アナウンサーになりました。

そのあとは、ニュースキャスターとしてテレビ局でニュースを読むお仕事をしながら、宇宙のことをたくさん勉強しました。今は、宇宙の魅力をわかりやすく伝える「宇宙キャスター®」や、宇宙を楽しく教える「宇宙のおねえさん®」としてテレビやイベントに出演したり、小・中学生のための宇宙のイベントを毎月開催したりしています。その他にも、宇宙に関わるいろいろなことをしていますが、一番力を入れているのが「宇宙飛行士になる方法」をみんなに教えることなのです。

実は、れみさんは、2021年8月に〝日本初〟の宇宙飛行士候補者選抜試験に挑戦する人たちのための講座、「めざせ！　未来の宇宙飛行士講座」を始めました。これまで高校生〜大人の約40人、小学1年生〜中学生の約60人以上(2024年時点)に、宇宙飛行士をめざすためのレッスンをおこない、実際に試験を受けた2人の生徒さんがセミファイナリスト（4127人の応募者の中から第2次選抜まで進んだ50人）に選ばれたのです。講座で教えてくれる先生は、過去に宇宙飛行士選抜試験のリーダーや宇宙飛行士の訓練を担当していた方々で、なんとこの本にも登場してくれています！

れみさんは宇宙飛行士をめざす生徒さんに（時にかなり厳しく！）1年半以上、毎日真剣に向き合って、過去の情報を分析して、たくさん考えました。そして、宇宙飛行士の方たちや、試験に関わる方たち、試験にチャレンジした方やファイナリスト（最終選抜に進んだ人）の方たちからお話を聞いた経験から、わかったことがあります。

宇宙飛行士をめざして、宇宙飛行士の能力やマインド（心構え、考え方、意識の持ち方、精神のこと）を学ぶと、「人間力」がレベルアップして、考え方がどんどん新しくなって、毎日が充実して、人生まで変わってしまうのです。

このことに気づいたれみさんは、それを「宇宙飛行士マインド」と名付けました。宇宙飛行士マインドを子どものころから身につけたら、未来の可能性がどんどん広がります。一人でも多くのみんなに、この「宇宙飛行士マインド」を身につけてほしい!! そして生まれたのが、この本です。

宇宙飛行士になる君へ。

君たちが宇宙に行くだろう2040年代には、月に1000人が住み、火星にも人が行っているといわれています。

地球外生命体にも出会えちゃうかもしれない。

見たことないようなことや、今まで考えたことのないようなことが起こるかもしれません。

君の可能性は、超無限大です。

さあ、今から一緒に宇宙飛行士になるための準備をしましょう。

エイエイオー！

2024年8月　榎本麗美

CONTENTS

LESSON 1

2040年の宇宙ライフ

LESSON 2 宇宙ってどんなところ？

LESSON 3 宇宙への挑戦

LESSON 4

宇宙飛行士のリアル

LESSON 5

宇宙飛行士になる方法

LESSON 6

やってみよう！仮想選抜試験対策

LESSON

君たち宇宙をめざす君たちへ

LESSON

2040年(ねん)の宇宙(うちゅう)ライフ

佐々木 宏さん

この本を読んでいる君たちが宇宙飛行士になる2040年ごろ、宇宙開発はどこまで進んでいるんだろう。JAXA（宇宙航空研究開発機構）宇宙戦略基金事業部ゼネラルプロデューサ（元JAXA理事）の佐々木宏さんに、「2040年の宇宙ライフ」について教えてもらいました。

1 2020年代、日本人が月面に立つ

——佐々木さん、よろしくお願いします！　はじめに、これからの宇宙開発の計画について教えてください。

佐々木さん　「人類初の月面着陸から50年

人を乗せて月面を走る車（有人与圧ローバー）のイメージ

©TOYOTA

以上がたちましたが、再び人類を月に送るために国を超えて力を結集し、『アルテミス計画』(くわしくは31ページ)をはじめ国際的な月の探査計画が進められています。日本も、『2020年代に日本人を月面に立たせる』ということを目標に頑張っています。

それを達成したあと、2030年代半ばまでにはNASA(アメリカ航空宇宙局)を含めた宇宙機関で、月面に人が住む基地を造る計画があります。また、日本では人が乗る車を月面に走らせる計画があります。現在の国際宇宙ステーション(ISS)のように、『月面に常に人がいる』という時代がやってきます」

2 2040年代には1000人くらいの人々が月へ行く

――2040年代になると、どのくらいの人が月へ行くことになるのでしょうか。

佐々木さん「2040年代には、JAX

AやNASAのような国の研究機関だけではなく、民間のさまざまな事業者が宇宙に行き始めるでしょう。観光などプライベートで、ISSから月へ足を延ばす人も出てくる時代になってきます。技術の進歩や経済状況によって変わってくるとは思いますが、1000人くらいの人々が月に行くようになっているかもしれません。そこには、研究や実験をおこなったり、宇宙を観測したり資源を探したりする人たちだけではなく、食事を作る人や、人が住むための建物やエネルギープラントなどを造る人も一緒にやってくるわけです」

将来の月面基地のイメージ

©JAXA

3 月で働く医師、美容師、ホテルマン

——1000人というと、一つの町ができるくらいのイメージですね。

佐々木さん「そうやって一つの社会の形になっていくと、今は地上からサポートしている健康管理も、その場で医師や看護師に診てもらうことが必要になります。ISSには7人の宇宙飛行士が暮らしていて、今は宇宙飛行士が一人で何役もこなしていますが、月に行く人数が増えれば、調査をする人、施設を建てる人、健康面のケアをする人など役割分担が進むと思います。2050年代くらいには、身だしなみを整えてくれる美容師、観光目的で来た人たちを迎えてくれるホテルマンやレストランのソムリエ、月面スポーツを楽しみたい人のためのインストラクターなどもいてくれるようになるかもしれません」

いろいろなお仕事で月にいくようになるんだピ!

4 食料や建築資材は月面で生産・調達

——そのくらいたくさんの人たちが月に行くようになると、食べ物のことを考えなくてはいけませんね。

佐々木さん「最初のうちは地球から月へ持っていくと思いますが、そのあとは、月面農業をおこなったり、地球から持っていった食料や水をリサイクルしたりすることになると思います。水のリサイクルは、すでにISSでもおこなわれていますね。月面の土には地球の土のように栄養分があるわけではないので、月面農業は土を使わない水栽培に近い方法で、

月面農場のイメージ

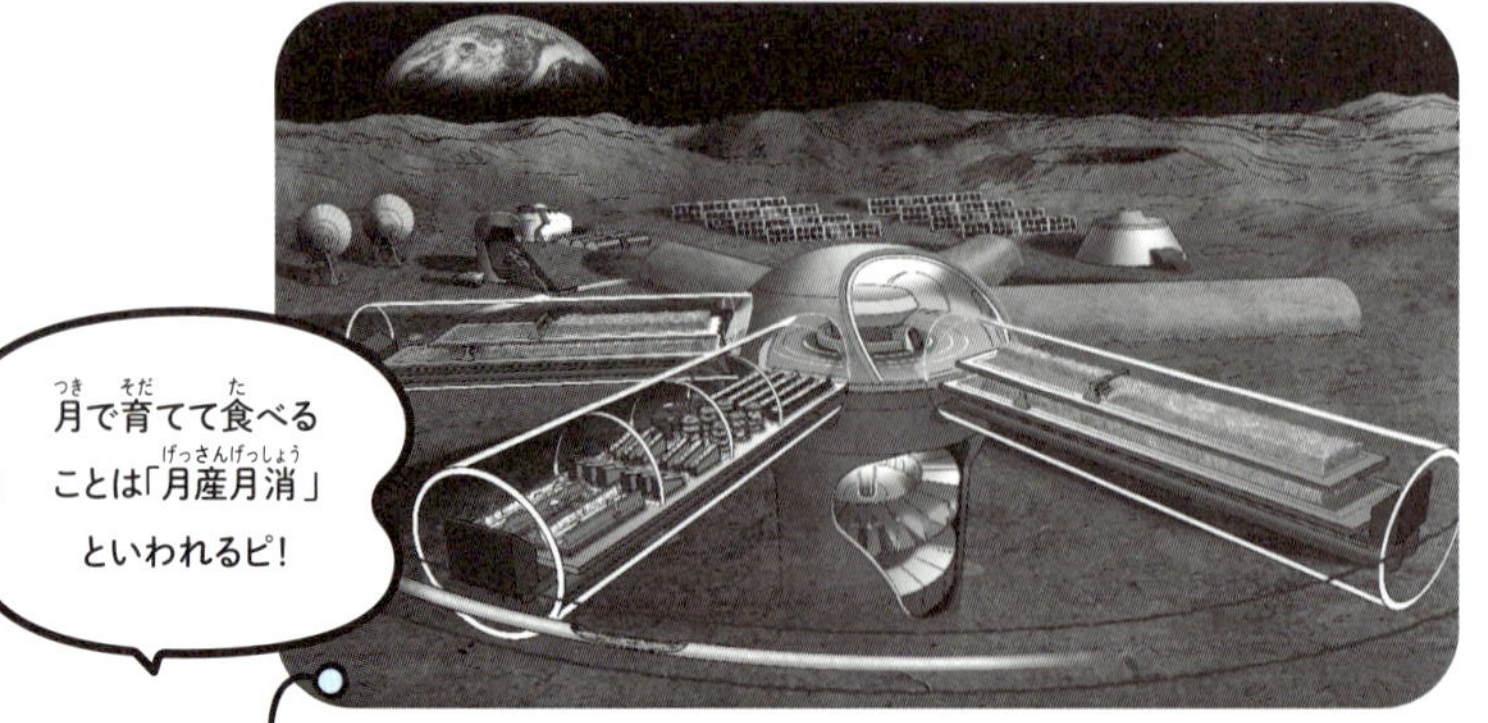

©JAXA

月で育てて食べることは「月産月消」といわれるピ!

工場で野菜を作るような形になると思います。牛などを飼うのもむずかしいので、お肉は最近研究が進んでいる培養肉などを生産すると思います。食べ物に限らず、建築資材なども、地球から持っていったものをリサイクルしたり、もともと月にある資源をうまく活用したりする必要があります。たとえば、水が見つかればそれを利用したり、月の石を活用したりします。今まさに、宇宙探査イノベーションハブというところで、そういうことを一生懸命研究しています」

5 月面基地から火星探査へ

――月のその先、たとえば火星に人が行けるのはいつごろになるのでしょうか。

佐々木さん「まず月面でいろいろな技術を確立したあとに、火星へ行くことになります。ＮＡＳＡでは、２０３０年代あたりを目標に少しずつ人が行くようになるだろうといわれています。本格的に人を送り込むのは、おそらく２０４０年代からだろうと思います。

そういった国の計画とは別に、起業家のイーロン・マスクさんのように、火星への移住を計画している人もいるので、民間の人のほうが案外早く火星へ行くかもしれないですね。

火星軌道上のMMX探査機のイメージ

©JAXA

ただ一般的に、宇宙開発が次のステップへ進むには20年ぐらいかかるといわれています。ＩＳＳの運用が始まったのは２０００年、その次の月面探査は２０２０年代になってからですので、さらにその次の火星探査というと、さらに20年後の２０４０年代に入ってからになるでしょう。それまでは、いろいろな無人探査機を火星へ飛ばしていくと思います。アメリカを中心に進められている『アルテミス計画』も、火星をめざすために継続的に月面を探査することを目標にしています。月面で一定の結果が得られたところで、では次は火星へ、という流れです。

ＮＡＳＡは火星へ探査機をどんどん飛ばしていて、ＥＳＡ（ヨーロッパ宇宙機関）と協力して、火星の表面から岩石や砂、土などのサンプルを持ち帰る計画を進めています。日本も、火星衛星探査計画（MMX）で火星の衛星の一つフォボスへ行って、サンプルを持ち帰る計画を立てています。火星の表面に降りるのは大変なので、たとえば、ISSの代わりにフォボスに基地を造ってそこから火星を観測したり、月と火星を往復するときの中継地にしたり、いろいろな可能性があります。そういう意味でMMXは、将来の火星探査に重要なミッションになっています」

6 火星への移住の可能性

――NASAでは火星への移住もめざしていますね。

佐々木さん「地球以外の惑星や衛星などの環境を人類が生活できるようにつくりかえる『テラフォーミング』という構想があって、火星はその候補にあがっています。もともと火星は地球と似ているといわれています。地球よりも寒いですが、これだけ技術が進歩してきていますし、何とか工夫すれば将来的には可能になるのではないでしょうか。

これまでに探査機が撮影した火星表面の映像はありますが、まだあまりくわしく見えたものはありません。ただ、火星は完全な真空ではなく、月とは違って地形にもいろいろな変化があると思います。環境は過酷かもしれませんが、面白さがありそうです」

テラフォーミングしたらボクと会えるかもニャ!

将来の火星基地のイメージ

©JAXA

7 変わっていく宇宙飛行士の役割

——これからの宇宙飛行士には、今まではまた違った能力が求められそうですね。

佐々木さん「ISSでの作業は、モジュールの中でおこなうか、船外に出たとしてもその周囲に限られます。しかし、月面に立つ宇宙飛行士は自分で車を運転して遠出します。また、特に月の南極のあたりは地球との通信がむずかしく、管制官とのコミュニケーションがとりにくくなるため、状況に応じて自分で考えて動かければならないシチュエーションが増えてきます。そのため、より判断力や精神力が求められるようになります。最新の選抜試験でも、月面に立つことを想定したテストがおこなわれており、今までのISSでの活動とは違ったシチュエーションでの活躍が期待されています。

　一方、火星へ行くための訓練は、おそらく2030年代から始まると思います。火星の一番の特徴は、わずかながら空気があって生命が存在していたかもし

宇宙飛行士マインド1
自分でなぜ?
と考えて判断して
動こうニャ!

れないということです。かつて水が豊富にあったということもわかっています。火星探査では、その生命の痕跡を探すことが最も期待されています。また、人が住めるかどうかをしっかりと調査することも求められます。

月よりも火星の方が大きく、地球の環境に近い惑星ですが、月よりもかなり地球から離れているので、実際に行ってみたらすごくさびしくなると思います。月面に行った人は『地球が遠くにある』というだけで衝撃を受けるようですが、火星に行ったら、地球が他の星と同じぐらいのサイズに見えるわけですから、さらに大きな衝撃を受けるでしょう。また、月にいる人は1秒遅れくらいで地上と通信することができますが、火星では地球との通信が途絶えます。『それでも大丈夫！』という精神的にも強い人が選ばれるのではないでしょうか。

また、昔は真面目に仕事をする人が選ばれていましたが、今は発信力も重視する時代になっています。ですから、その時代と行き先によって、宇宙飛行士に求められるものも変わってくると思います」

8 宇宙人と最初に会えるのは宇宙飛行士

――未知の惑星への探査、移住、観光と、人類の宇宙進出が進んでいけば、いつか宇宙人にも会えるのでしょうか。

佐々木さん「探査が進めば、宇宙人に会えるかもしれません。今すぐというのはむずかしいですけれど、少なくとも人間がこうやって存在しているわけですし、その人間がこうしてどんどん地球から離れて出ていくわけですから。人が住めそうな温度環境のある惑星はたくさん見つかっているので、いつか宇宙人と接触する可能性はあると思います。そのとき、最初に出会える可能性が一番高いのは、まだ誰も行っていない場所に行くことになる宇宙飛行士だと思います。

宇宙人も含めて、宇宙にはわからないことがたくさんあります。むずかしくて大変ですが、そこを乗り越えて宇宙を開発していくことが一番の楽しさ、喜びなのです。この本を読んでいるみんなには、ぜひ、挑戦する大人になってほしいと思います。わたしたちは、君たちの挑戦を待っています！」

佐々木さんが教えてくれた2040年の宇宙ライフ、どうでしたか？　月に町ができて、さらに火星に移り住む！　ワクワクしますよね。みんなが大人になる頃には、宇宙でできることがたくさん増えているのです。

そして、とっても大事なのは「宇宙飛行士は、まだ誰も行っていない場所に一番乗りで行くことになる」ということ。君たちは、誰よりも先に宇宙の新しい場所に行くことになるのです。

初めて火星に降り立つ宇宙飛行士や、初めて宇宙人に出会う宇宙飛行士になるかもしれません！

その日のために、さらに宇宙と宇宙飛行士のことを一緒に学んでいきましょう！

コラム

アルテミス計画って？

アポロ計画以来50年ぶりに人類をふたたび月に送り込み、最終的に火星をめざす計画です。ギリシャ神話のアポロの双子の姉、月の女神アルテミスから名づけられました。アメリカが提案し、日本など40の国が参加。2026年には女性の宇宙飛行士が初めて月に降りる予定です。計画のポイントになるミッションをみていきましょう。

●水を探しに月の南極へ

月の北極と南極には水があるといわれ、月の南極へ水を探しに行きます。飲み水にするだけではなく、水を水素と酸素に分解し、水素をロケットの燃料にして月から火星をめざすことが考えられています。

●日本人初の月面着陸

2028年、2032年に2人の日本人宇宙飛行士が月に降り立つ予定です。初めて月面に降り立つ日本人は誰になるのでしょうか？ 注目です！

●月を走る車「ルナクルーザー」

宇宙飛行士が乗り込み、宇宙服なしで生活しながら月面を移動することができる世界初の月面走行システムです。アルテミス計画では、日本が開発・提供して月面で走らせることになっています。

●月のまわりを回る基地「ゲートウェイ」

月のまわりを回る宇宙ステーションで、月に降りるときと火星に行くときの中継基地の役割をはたします。2028年完成を目標に進められていて、4人の宇宙飛行士が年間30日ほど滞在するといわれています。

【参考】

宇宙航空研究開発機構　有人宇宙技術部門ウェブサイト
国際宇宙探査の取り組み
https://humans-in-space.jaxa.jp/future/

TOYOTAウェブサイト　モビリティ　テクノロジー
ルナクルーザー
https://global.toyota/jp/mobility/technology/lunarcruiser/

LESSON 2

宇宙(うちゅう)ってどんなところ？

君たちが行く予定の宇宙とは、いったいどんなところかな？
しっかりチェックして準備しよう！

1 空と宇宙の境目はどこ？

富士山のような高い山に登っていくと、しだいに空気が薄くなっていくように、地上からの高度が上がるにつれて気圧が下がって空気が薄くなっていきます。地上から約100キロメートルの高さになると空気がほとんどなくなることから、国際航空連盟（気球やスカイダイビングなどのスカイスポーツの国際的な組織）が、高さ100キロメートルを「カーマン・ライン」と呼んで、「ここから上は宇宙！」としました。アメリカ軍では「地上から80キロメートルより上が宇宙」としています。君たちは「宇宙は、高さ100キロメートルから上」と覚えておけばバッチリです。

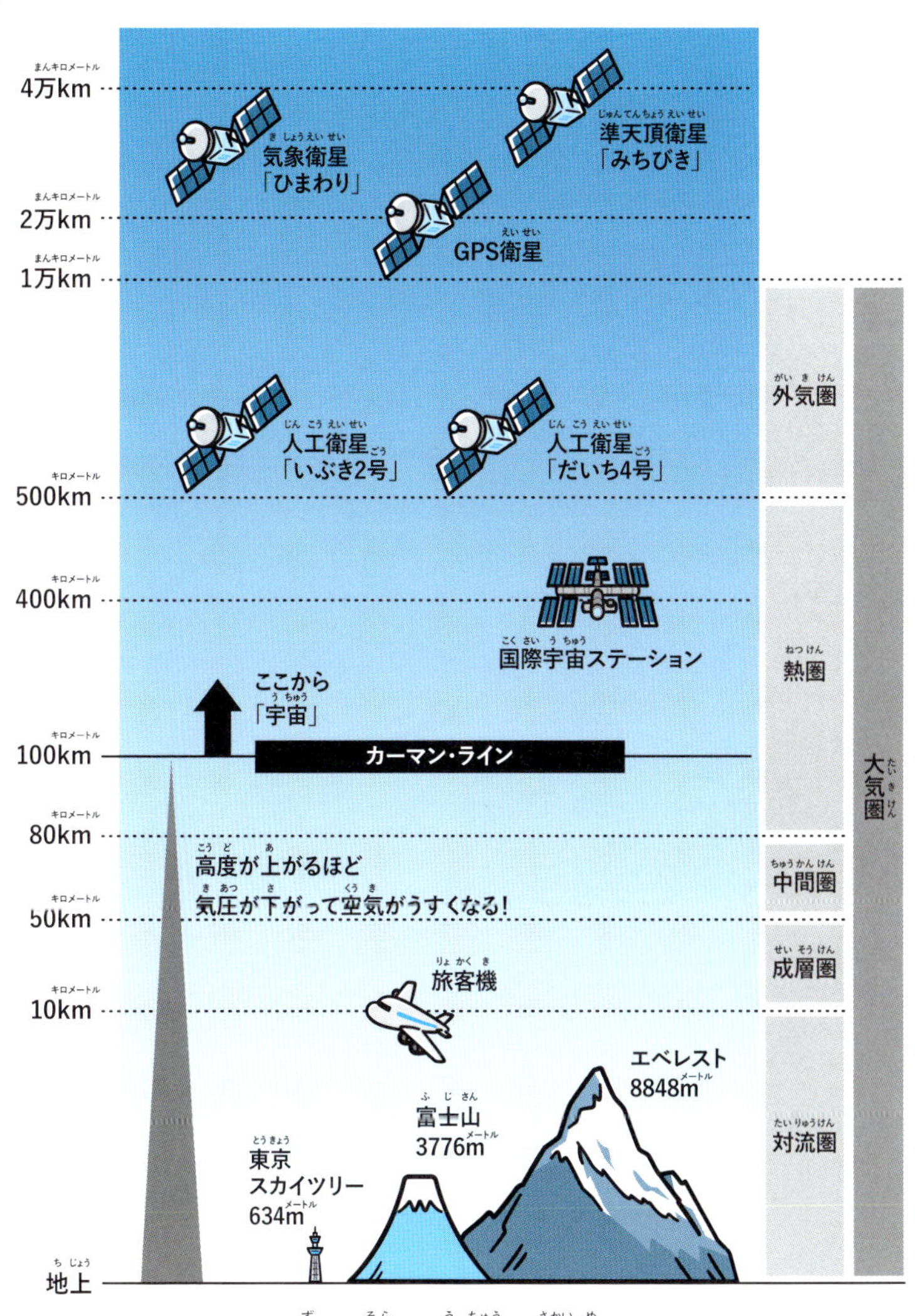

図：空と宇宙の境目のめやす

2 宇宙の中の地球

私たちが住んでいる地球は宇宙の中にあります。くわしくいうと、君たちの住所は「宇宙 あまのがわ銀河 太陽系 地球 日本……」となります。住所にあるように、地球は太陽と太陽の重力の影響を受けて周回している惑星や準惑星、小惑星などを合わせた「太陽系」の中にあります。

太陽系の中で、地球のように空や広大な海があり、たくさんの動物や植物が生きる美しい惑星は他にありません。私たちのように肉体をもつ生命体が存在す

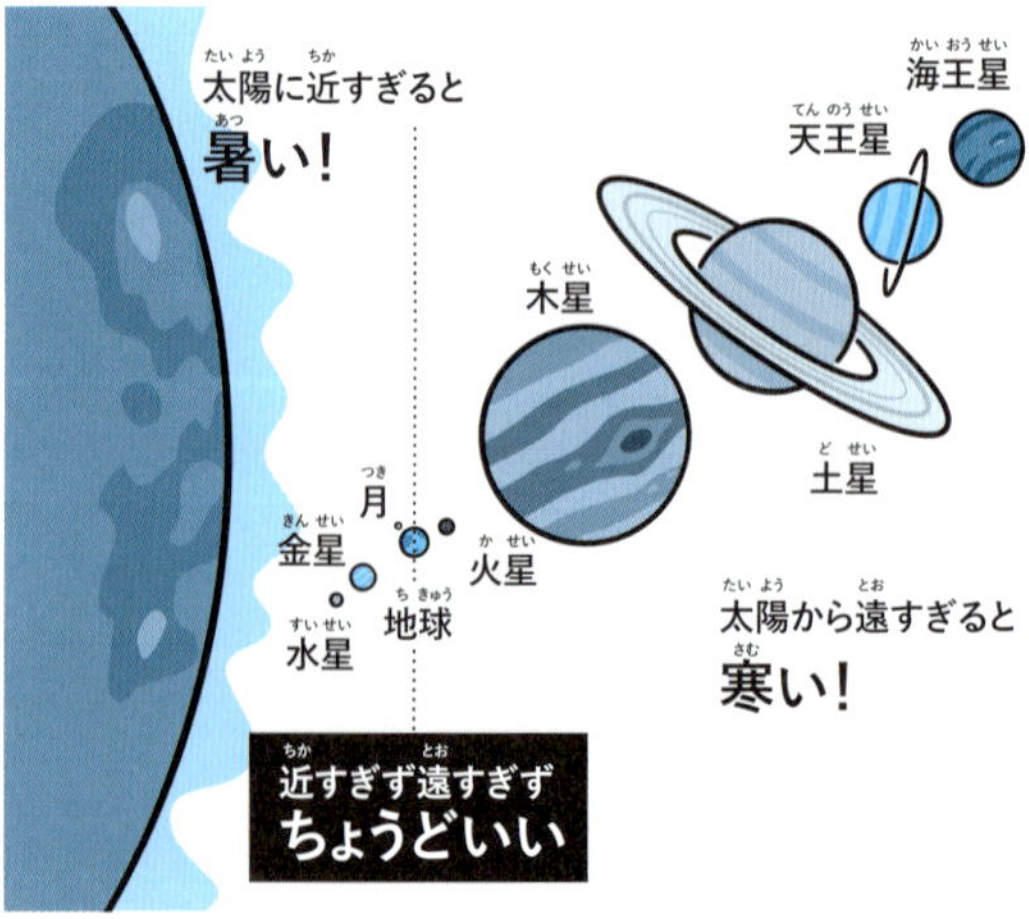

太陽に近すぎると
暑い！
海王星
天王星
木星
土星
月
金星
火星
地球
水星
太陽から遠すぎると
寒い！
近すぎず遠すぎず
ちょうどいい

図：太陽系の中の地球

るためには、適度な温度と空気、液体の状態の水が必要だといわれています。でも、太陽に近い場所では温度が高くなりすぎて、水も蒸発してなくなってしまいカラカラに。反対に、太陽から遠い場所では温度が低くなりすぎて、水はカチコチに凍ってしまいます。宇宙で液体の水が存在できる場所を「ハビタブルゾーン」といいます。地球は奇跡的にちょうどいい場所にあって、「奇跡の星」といわれているのです！ この美しい星を守っていくことは、地球に生まれた私たちの大切な使命であるといえます。

3 どうして宇宙服が必要なの？

宇宙飛行士がＩＳＳ（国際宇宙ステーション）から外に出ると、その宇宙空間で太陽の光が直接当たる所の温度は約１２０℃と高くなり、太陽の光が当たらない所の温度はマイナス１５０℃くらいになるといわれています。その差、なん

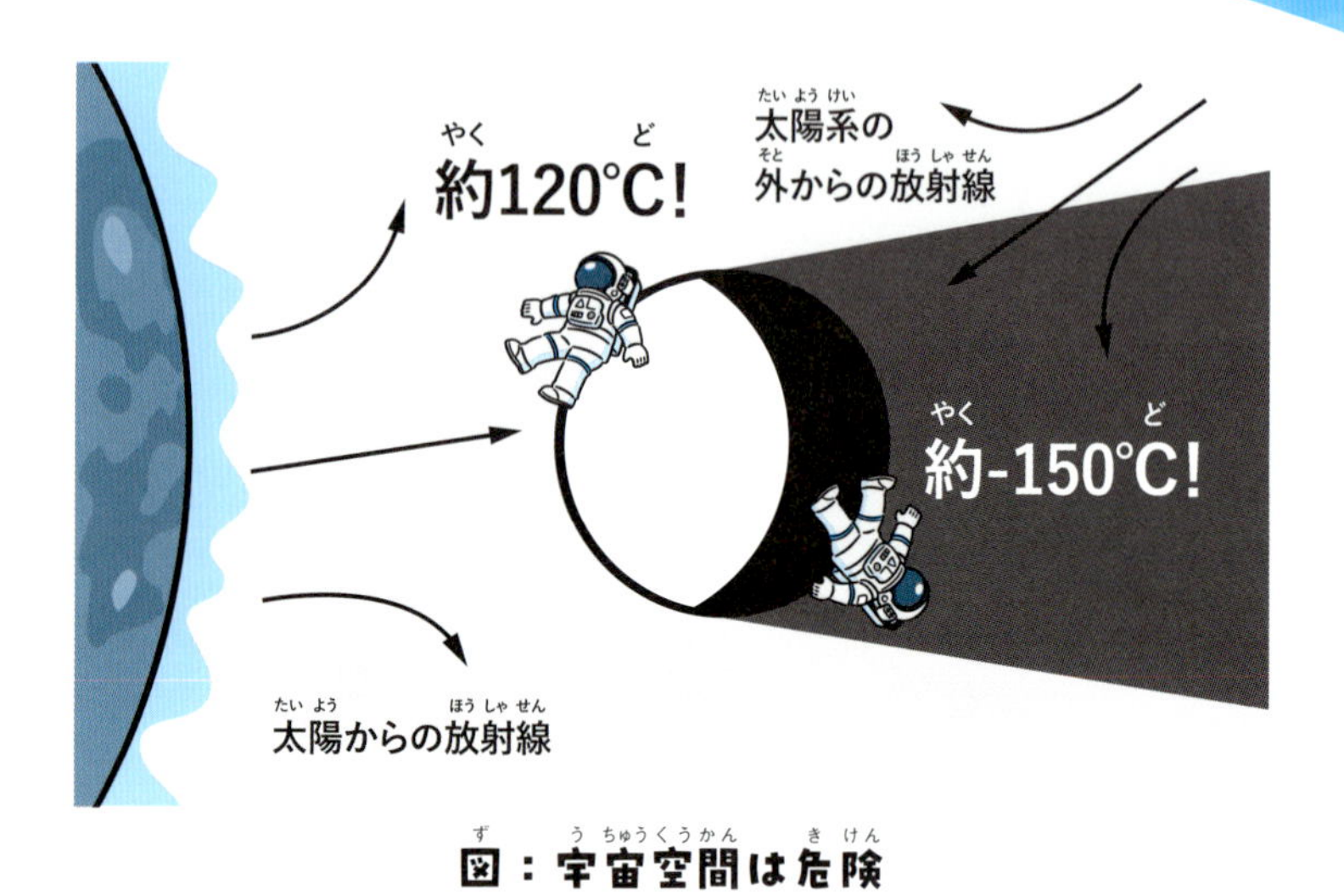

図：宇宙空間は危険

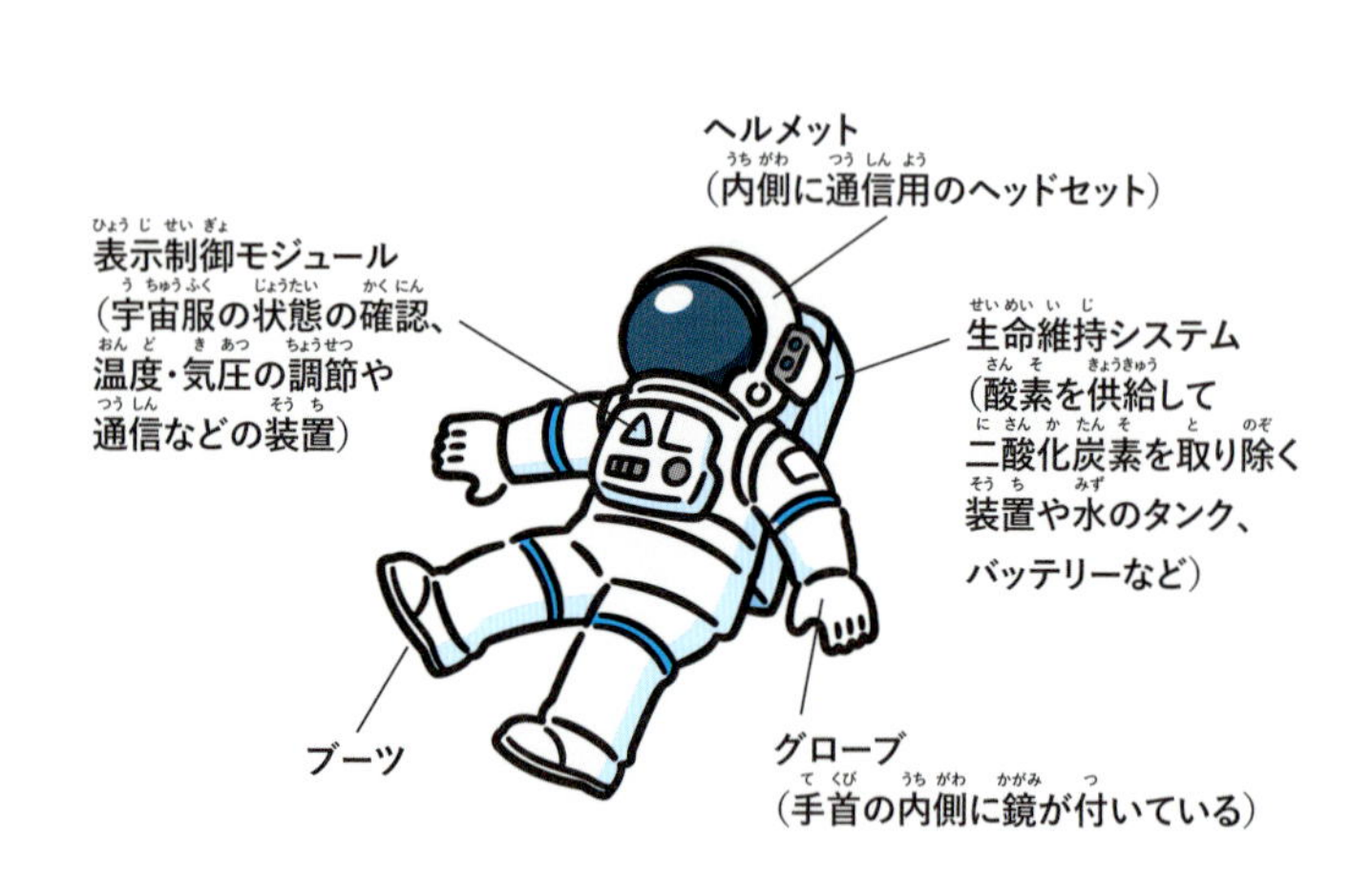

図：体を守ってくれる宇宙服

と約270℃！　想像もつかない環境ですね。さらに、宇宙には空気がないので息ができません。そのため、ISSの外に出るときには「船外活動用の宇宙服」を着て体を守る必要があります。宇宙服は外からの熱が伝わりにくい素材の生地を何層も重ね、空気を漏らさず一定の気圧を保つように作られています。今は月面で活動するために、歩きやすく動きやすい新しい宇宙服も開発されています。

　宇宙では太陽や太陽系の外からの放射線やとても小さないん石が飛んでいます。宇宙服には、こうした危険なものから人体を守る役割もあります。

4 宇宙にいる人の体はどうなるの？

　地上にいる私たちがしっかり立って運動できるのは、重力があるからです。でも、宇宙ではその重力がなくなります。重力があると血液など体の中にある液体（体液）は下半身に集まりますが、無重力状態では上半身にも体液が流れるようになり、顔がむくんで丸くなっていきます。満月のようにまん丸になることから「ムーンフェイス」と呼ばれますが、数週間で元の状態にもどります。また、体液が上半身へ流れていくぶん、下半身の体液が減って、脚が鳥の足のように細くなります。この状態は「バードレッグ」と呼ばれますが、足が細くなりおしりがキュッとなるからスタイルがよくなるそうです。地上にいるときよりスタイルがよくなったみんなで、ファッションショーをするのも楽しそうですね。

また、月面の重力は地上の6分の1になります。ジャンプしたら3メートルくらい飛べちゃいます。火星表面の重力は地上の3分の1で、ふわふわと感じるものの地上と同じように動けるそうですよ。

ただ、重力がない状態にいると、地上にいるときのように体をしっかり支える必要がなくなった筋肉や骨はおとろえてしまいます。そのため、宇宙に滞在している間は毎日トレーニングをして体をきたえる必要があるのです。

【参考文献】
「宇宙服のひみつを探ろう」（宇宙航空研究開発機構宇宙教育センター）
https://edu.jaxa.jp/materialDB/contents/material/pdf/78879.pdf

LESSON 3 宇宙への挑戦

人類が宇宙に挑戦した道のりを知ろう。
約70年前にタイムスリップ〜！

1 宇宙を目指した人類の歩み

●日本の宇宙開発の始まり！

ペンシルロケット

1955年に「日本の宇宙開発の父」と呼ばれる糸川英夫さんがえんぴつの形に似ている「ペンシルロケット」を水平発射させる実験に成功し、日本の宇宙開発が始まりました。

●宇宙時代の幕開け！

スプートニク計画

1957年10月、ソビエト連邦（ソ連・現在のロシア）が世界初の人工衛星「スプートニク1号」を打ち上げました。その約1か月後には、「ライカ」という犬を乗せた「スプートニク2号」が

この歴史の続きをつくっていくのは君たちだモ！

打ち上げられ、世界で初めて地球上の生物が地球のまわりを回りました。

●月への挑戦、始まる!

ルナ計画

1958年にアメリカは月を調べるために月探査機パイオニア0〜4号を打ち上げましたが、目標の月までは行けませんでした。

1959年1月にソ連が打ち上げた無人月面探査機「ルナ1号」も月に行く計画でしたが、月から約6000キロメートルも離れた所を通過し、そのまま太陽のまわりを回る人工惑星になってしまいました。史上初めて月にたどり着いたのは1959年9月に打ち上げられた「ルナ2号」です。月の表側にある「晴れの海」という所に見事命中！ 月面に衝突する形で月に到着しました。約半月後に打ち上げられた「ルナ3号」は、初めて月の裏側の写真を撮ることに成功しました。いつも君たちが見ているのは月の表側。地球から見えない裏側を見られたことはスゴイことなのです。宇宙飛行士になって月に行ったら月にいる探査機を探してみてくださいね。

人類が初めて宇宙へ！

ボストーク計画

1961年4月、ソ連の宇宙飛行士ユーリ・ガガーリンを乗せた1人乗りの宇宙船「ボストーク1号」が打ち上げられ、地球を1周したあとに帰還しました。その時の言葉が有名な「地球は青かった」です。これが人類初の有人宇宙飛行（宇宙船で人が宇宙に行くこと）です。1963年6月には、「ボストーク6号」で世界初の女性宇宙飛行士ワレンチナ・テレシコワが、約71時間の宇宙飛行で地球を48周し、帰還しました。

人類が初めて月に着陸！

アポロ計画

1960年代、NASAによって始まった計画は、「人間を月の表面に立たせて安全に地球に帰還させる」ということを目標に進められました。

1969年7月、3人の宇宙飛行士

月面で船外活動中のオルドリン
（アームストロング船長が撮影）

©AFP=時事

を乗せた「アポロ11号」が打ち上げられ、月のまわりを回る軌道上で月着陸船「イーグル」に乗り換えたニール・アームストロング船長とバズ・オルドリンが月面着陸に成功。アームストロング船長は人類で初めて月に降り立ちました！　月には風がないので、まだその足跡が残っているそうです。2人は2時間半ほど船外活動をおこない、月の石を採取したあと、無事に地球へ帰還しました。

本当に月に降り立ったの？　といううわさもありますが、2007年に打ち上げられた日本の人工衛星「かぐや」のデータを見ると、映像が本物であることがわかるそうですよ。

●何回も使える宇宙機登場！

スペースシャトル計画

1970年代に入り、NASAは翼を持つ宇宙機「スペースシャトル」を開発する計画をスタート。これまでのロケットや宇宙船は1回使ったらもう使えない「使い切り」でしたが、オービターという宇宙飛行士や荷物を乗せる宇宙船部分が地球に戻ってくる、何回も使える宇宙機「スペースシャトル」が完成しました。スペースシャトルは最大7人の宇宙飛行士と荷物を乗せてロケットのように上を向いて打ち上げられ、地球に帰ってくる時には飛行機のように着陸することができます。1981年4月に「コロンビア号」が初めて飛行に成功！2011年7月まで5機が活躍し、30年間で135回打ち上げられています。しかし、スペースシャトルは2回の事故を起こしています。悲しいことに、乗っていた宇宙飛行士の命は失われてしまいました。宇宙開発の歴史には、このように命をかけて力を尽くした方々がいることを決して忘れてはなりません。

●世界初の宇宙の基地が登場！

国際宇宙ステーション計画

1984年に始まった国際宇宙ステーション（ISS）計画は、「人が生活することができる宇宙の基地を、10年以内につくる」という発表からスタートしました。地球のまわりを回り、宇宙の環境を使った実験や研究、地球や天体の観測をおこなうことが目的です。アメリカ、日本、カナダ、イギリス、フランス、ドイツ、イタリア、スイス、スペイン、オランダ、ベルギー、デンマーク、ノルウェー、スウェーデン、ロシアの15か国が協力して進められました。

1998年にロシアが「ザーリヤ」というモジュール（ISSの一部）を打ち上げたのを最初に、四十数回に分けて

2011年11月にクルードラゴン宇宙船から撮影されたISS

画像提供：NASA/JAXA

ISSのパーツが打ち上げられ、宇宙飛行士とロボットアームによって宇宙空間で組み立てられて、2011年7月に完成しました。2009年には日本初の実験棟「きぼう」も3回に分けて打ち上げられ、ISSに取り付けられました。

今でも宇宙飛行士が宇宙空間に出て船外活動をするのは、ISSに装置を取り付けたり、修理をすることが目的の一つです。

ISSはサッカーコート1面ぐらいの大きさで、さまざまな実験や研究がおこなわれる実験棟、宇宙飛行士の生活空間である居住棟などがあります。日本の宇宙飛行士もISSに滞在し、実験や船外活動などをおこなっています。ふだんは7人が暮らしていますが、最大12人滞在したこともあるんですよ。

2024年現在、宇宙飛行士はアメリカのスペースX社のクルードラゴン宇宙船やロシアのソユーズ宇宙船、ボーイング社のスターライナー※といった宇宙船に乗ってISSに向かっています。ISSは2030年に運用が終了する予定です。その後は大気圏に再突入させて海へ落とす計画になっています。それまでに、一般の会社が造る新しい宇宙ステーションが活躍していく予定です。

※2024年9月現在、開発中

2 日本の歴代・現役宇宙飛行士

日本では、ＪＡＸＡが宇宙飛行士候補者の募集をして候補者を選びます。選ばれた人たちは、さらに基礎訓練を受けて、ようやく宇宙飛行士に認定されるのです。これまでに11人の宇宙飛行士が誕生し、宇宙でたくさんの活躍をしてきました。

これから宇宙をめざす君たちの大先輩、ＪＡＸＡの宇宙飛行士と宇宙飛行士候補者の皆さんを紹介します！

歴代…「歴代の宇宙飛行士」
現役…「現役の宇宙飛行士」
候補…「第6回選抜試験に合格した宇宙飛行士候補者」
（2024年7月時点）

歴代

毛利衛

未知への挑戦者

【特徴】日本人科学者として初めてスペースシャトルで宇宙へ
【得意技】宇宙だけじゃなく、南極や深海にも挑戦
【宇宙飛行士になる前の職業】大学の先生

画像提供：JAXA/NASA

若田 光一

歴代

人類最強の、人間力

【特徴】宇宙へ行った回数は日本人最多の5回！ 日本人初のISS船長
【得意技】チームのハーモニーを大切にする和のリーダーシップ
【宇宙飛行士になる前の職業】航空会社のエンジニア

画像提供：JAXA/GCTC

向井 千秋

歴代

未来の女性たちへ、道を切り開く

【特徴】アジア人初の女性宇宙飛行士としてスペースシャトルで宇宙へ
【得意技】医療と宇宙の架け橋に
【宇宙飛行士になる前の職業】心臓外科のお医者さん

画像提供：JAXA/NASA

山崎 直子

歴代

次世代に夢をつなぐ

【特徴】日本人2人目の女性宇宙飛行士にして2児の母
【得意技】宇宙教育に力を入れる、月に寺子屋をつくるのが夢
【宇宙飛行士になる前の職業】JAXAのエンジニア、教員免許も取得

画像提供：JAXA/NASA

土井 隆雄

歴代

日本人初、船外活動に成功

【特徴】初めて「きぼう」をISSに取り付けて乗り込んだ
【得意技】天体観測、超新星を発見しているぞ
【宇宙飛行士になる前の職業】NASAの研究員

画像提供：JAXA/NASA

星出 彰彦 現役

宇宙でスクラム 情熱ラガーマン

【特徴】元ラグビー部、ラグビー大好き
【得意技】3回目のチャレンジで選抜試験に合格した夢をあきらめない力
【宇宙飛行士になる前の職業】NASDA(現JAXA)で宇宙飛行士のサポート

画像提供：JAXA/GCTC

野口 聡一 歴代

宇宙新時代を切り開く

【特徴】世界初3種類の宇宙帰還を果たしギネス世界記録(2種目)認定
【得意技】宇宙からYouTubeで動画を配信、「ウーチューバー」
【宇宙飛行士になる前の職業】ジェットエンジンのエンジニア

画像提供：SpaceX/JAXA

油井 亀美也 現役

ロボットアームの魔術師

【特徴】ゲーム好き、天体マニア、犬も大好き
【得意技】ロボットアームの操作と、宇宙の写真を撮ること
【宇宙飛行士になる前の職業】航空自衛隊のパイロット

画像提供：JAXA/GCTC

古川 聡 現役

宇宙でしか見つけられない答えを探す

【特徴】元野球部、仲間とソフトボールするのが好き
【得意技】宇宙医学でみんなをサポート
【宇宙飛行士になる前の職業】外科のお医者さん

画像提供：JAXA/GCTC

諏訪 理（すわ まこと）　候補者

YAC*生まれの、次世代の宇宙飛行士

【特徴】マラソンが大好き
【得意技】目標を立てて淡々と努力する力
【候補者になる前の職業】世界銀行でアフリカなど途上国の支援活動

＊YAC：公益社団法人日本宇宙少年団

大西 卓哉（おおにし たくや）　現役

「きぼう」の管制官との二刀流

【特徴】大学時代に鳥人間コンテストにチャレンジ
【得意技】宇宙環境を利用した材料系の実験
【宇宙飛行士になる前の職業】旅客機のパイロット

画像提供：JAXA/GCTC

米田 あゆ（よねだ あゆ）　候補者

月を目指す、現代のかぐや姫

【特徴】アクティブで、ヨットやトライアスロンが好き
【得意技】チームを和ませる力
【候補者になる前の職業】外科のお医者さん

金井 宣茂（かない のりしげ）　現役

武士道の宇宙サムライ

【特徴】居合道が趣味、ニックネームは「ニモ」
【得意技】一点集中ではなく全方位に発揮される注意力
【宇宙飛行士になる前の職業】海上自衛隊のお医者さん

画像提供：JAXA/NASA

3 日本人宇宙飛行士の活躍

宇宙に行ってさまざまなミッションをおこなってきた、大先輩たちの活躍の記録を見てみよう！

1992年9月

毛利衛さんがスペースシャトル「エンデバー号」に日本人科学者として初めて搭乗。帰還して「宇宙から国境線は見えなかった」と話す。

1994年　1992年

1994年7月

向井千秋さんがスペースシャトル「コロンビア号」にアジア人初の女性宇宙飛行士として搭乗。宇宙医学などの実験をおこなう。

大人になった
君たちの記録も
ここに並ぶと思ったら、
ワクワクするね！

1996年　1997年　1998年　2000年

1996年1月

若田光一さんがスペースシャトル「エンデバー号」に日本人初のミッションスペシャリスト（搭乗運用技術者。スペースシャトルのすべての知識をもったオールラウンドな宇宙飛行士）として搭乗。

1997年11月

土井隆雄さんがスペースシャトル「コロンビア号」に搭乗。日本人宇宙飛行士で初めて船外活動をおこなう。

1998年10月

向井千秋さんがスペースシャトル「ディスカバリー号」にペイロードスペシャリスト（搭乗科学技術者。実験の内容についてくわしい知識をもつ宇宙飛行士）として搭乗。

2000年2月

毛利衛さんがスペースシャトル「エンデバー号」にミッションスペシャリストとして搭乗。地球の陸地の約8割の地形データを取る。

10月

若田光一さんがスペースシャトル「ディスカバリー号」に搭乗し、日本人で初めてISS組み立てミッションに参加。

2005年7月

野口聡一さんがスペースシャトル「ディスカバリー号」に搭乗し、3回にわたりのべ20時間5分の船外活動をおこなう。

2008年3月

土井隆雄さんがスペースシャトル「エンデバー号」に搭乗。「きぼう」日本実験棟の船内保管室をISSに取り付け、日本人で初めて日本の有人宇宙施設に乗り込む。

2008年6月

星出彰彦さんがスペースシャトル「ディスカバリー号」に搭乗。ISSで「きぼう」日本実験棟に関わる作業全般をおこなう。

2009年 3月～7月

若田光一さんが日本人で初めてISSに長期滞在して最終組み立てミッションに参加。「きぼう」日本実験棟が完成。

2009年12月 ～2010年6月

野口聡一さんが日本人初のソユーズ宇宙船フライトエンジニア(船長〈コマンダー〉の補佐)としてソユーズ宇宙船(21S/TMA-17)に搭乗。ISSに約5か月半滞在。

2009年　2008年　2005年

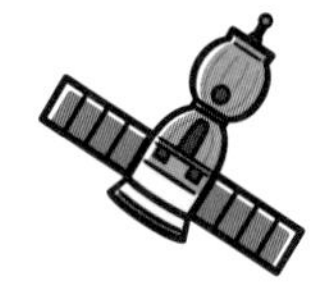

2010年4月

山崎直子さんがスペースシャトル「ディスカバリー号」に搭乗し、ISS組み立て・補給ミッションに参加。ISSに滞在中の野口聡一さんと共同作業をおこなう。

2011年6月～11月

古川聡さんがソユーズ宇宙船（TMA-02）にフライトエンジニアとして搭乗。ISSに約5か月半滞在し、ISSでの長期実験運用をおこなう。

2012年7月～11月

星出彰彦さんがソユーズ宇宙船（31S/TMA-05M）にフライトエンジニアとして搭乗。ISSに124日間滞在して3回の船外活動などをおこなう。

2013年11月～2014年5月

若田光一さんがソユーズ宇宙船（37S/TMA-11）にフライトエンジニアとして搭乗し、ISSに188日間の長期滞在。2014年3月には日本人で初めてISS船長に就任。

2013年　2012年　2011年　2010年

2015年7月～12月

油井亀美也さんがソユーズ宇宙船（43S/TMA-17）にフライトエンジニアとして搭乗し、ISSに142日間滞在。ロボットアームを操作し、日本人で初めてISSに荷物を運ぶ「こうのとり」のキャプチャ（つかまえること）をおこなう。

2016年7月～10月

大西卓哉さんがソユーズ宇宙船（47S/MS-01）にフライトエンジニアとして搭乗し、ISSに113日間滞在。日本人で初めてシグナス補給船のキャプチャをおこなう。

2017年12月～2018年6月

金井宣茂さんがソユーズ宇宙船（53S/MS-07）にフライトエンジニアとして搭乗し、ISSに168日間滞在。船外活動やドラゴン補給船運用14号機のキャプチャなどをおこなう。

2020年　2017年　2016年　2015年

宇宙新時代の幕開け

2020年11月～2021年5月

野口聡一さんがスペースX社が開発した民間有人宇宙船・クルードラゴン宇宙船にアメリカ人以外で初めて搭乗し、ISSに165日間滞在。日本人最多の4回の船外活動をおこなう。

2021年4月～11月

星出彰彦さんがクルードラゴン宇宙船「Crew-2」に搭乗。ISSに198日間滞在。ISS船長を約5か月間務め、船外活動時間はのべ28時間17分間と日本人宇宙飛行士最長に。

2022年10月～2023年3月

若田光一さんが5回目の宇宙へ。ISSに155日間滞在し、2回の船外活動をおこなう。宇宙滞在時間が日本人最長（当時）の累計504日18時間35分に達する。

2023年8月～2024年3月

古川聡さんがクルードラゴン宇宙船「Crew-7」に搭乗し、ISSに197日間滞在。船内での実験をおこなう。

2024年 2023年 2022年 2021年

【参考】
宇宙航空研究開発機構　有人宇宙技術部門ウェブサイト　宇宙のしごと
JAXA宇宙飛行士
https://humans-in-space.jaxa.jp/space-job/astronaut/
JAXA宇宙飛行士活動レポート
https://humans-in-space.jaxa.jp/space-job/astronaut-report/

LESSON

宇宙飛行士（うちゅうひこうし）のリアル

実際に宇宙に行ったことがある大先輩たちの
「宇宙飛行士体験」を教えてもらいながら、
君たちがめざす宇宙飛行士のリアルな姿に迫ってみよう！

1 山崎直子さんに聞いてみた！

「ミッションスペシャリスト」として
スペースシャトルに搭乗し、
ISSの組み立てや補給に活躍した
山崎直子さんの宇宙飛行士体験です。

宇宙飛行士の子ども時代

――山崎さん、よろしくお願いします！　さっそくですが、山崎さんは小さいときどんな子どもでしたか？

山崎さん「のんびりした子だったと思います。インターネットもなかった時代で、学校から帰ると公園で遊んだり、下校途中の裏山で遊んだり、セミが羽化しそうになると毛布をかぶって明け方まで見ていたりしました。宇宙も好きでしたが動物も好きで、学校では飼育係をやって、家でもチャボやウサギを飼っていました」

――子どもの頃にしていたことは、宇宙に行くために大事だったと思いますか？

山崎さん「はい。好きなことをいろいろ見つけておくのはとても大事です。仕事でうまくいかないときや大変なことがあったりするとき、純粋に『好きだな』『やっていて楽しいな』と思えることがあると、もうちょっと頑張ろうと思えます。特に子どものうちからそういうエネルギーの引き出しをたくさん持っておくと強くなれると思います！」

――宇宙とは関係ないことも、宇宙につながりますか？

山崎さん「私は宇宙へ動物を連れて行っていろいろな実験をしたり、観察をしたり、地道なお世話をしたりしましたが、動物が好きだった子どものころの体験がそういうところにつながったと思います。みんなが学校でやっていることも、お家でやっていることも、全部つながる。特に宇宙飛行士の仕事は幅広いので、全てがつながってきます。子ども時代の体験にむだなことはありません」

——宇宙飛行士になるために、子どものうちからやっておいたほうがいいことはありますか？

山崎さん「JAXAの宇宙飛行士募集要項の説明会で油井亀美也さん、大西卓哉さん、私の3人でお話ししたときも、参加していた保護者の方から同じような質問をいただきましたが、3人とも違う答えでした。油井さんは『お家のお手伝いをたくさんするといいです。チームワークの練習になりますよ』、私は『好きなことを見つけて、自分の引き出しをたくさん持っておくといいですよ』、大西さんは『逆に好きじゃないことでもちょっと頑張ってみる。そうした経験をするといいですよ』と。それぞれ観点が違って面白かったです」

●宇宙飛行士への道のり

——いつから宇宙飛行士をめざそうと思いましたか？

山崎さん「子どもの頃からSFやアニメが好きで、『宇宙戦艦ヤマト』『スターウォーズ』などから刺激を受けました。ただ、当時はまだ日本人の宇宙飛行士はいなかったので、『宇宙飛行士になりたい』ということは思いつきませんでした。その頃の将来の夢は、学校の先生や書道の先生など、身近な職業で考えていました。

でも、中学生のときに毛利衛さん、向井千秋さん、土井隆雄さんが日本人初の宇宙飛行士に選抜されて、それがとてもうれしくて、『日本人でも宇宙飛行士になれるんだ！自分もなれるかな』と望みがわきました。

その半年後ぐらいに、スペースシャトル『チャレンジャー号』の事故が起きました。事故のあと、乗員の一人で学校の先生だったマコーリフさんという女性が『宇宙から授業をしたい』と話していた映像を見て、学校の先生にもあこがれていた私の中で、『学校の先生が宇宙に行くんだ』と2つの希望がつながりました。

また、宇宙船に対して『とにかくかっこいい！』というイメージを持っていましたが、実は完璧なものではなく、事故などの大変なことをみんなで乗り越えながらより良くしていく発展途上のものだということが子ども心にもわかって、とても驚きました。それで、まず宇宙開発に関わって、みんなでより良い宇宙船を造りたい、そしていつか自分も宇宙に行けたら、と思いました。そうした意味で、チャレンジャー号の事故は自分にとって大きな出来事になりました。
　そのあと、大学で宇宙開発について学んでいた時期に若田光一さんがスペースシャトルのミッションスペシャリストに選ばれました。さらに、大学院生になってアメリカに留学していた時期に、野口聡一さんが宇宙飛行士に選抜されました。そのときに、宇宙飛行士募集の応募用紙を取り寄せて、宇宙飛行士になることを真剣に考えました。当時の私は『3年以上お仕事をしていた経験』という応募条件を満たしていなかったにもかかわらず応募して、あえなく書類選考で落ちてしまいましたが、一度『応募すること』を経験したおかげで、3年後に再挑戦したときはスムーズに準備できました」

——宇宙飛行士選抜試験は、一般的な就職試験とはまた違うものですか？

山崎さん「試験で一番良い成績を取った人が受かるというより、JAXAが求めている条件に合う人が選ばれるという点では、一般的な就職試験と変わりありません。要はマッチングです。だから、たぶん私より優秀な人はたくさんいましたし、誰が宇宙飛行士になってもおかしくありませんでした。
　また、宇宙飛行士もJAXAの組織の中の一職員です。たまたま『宇宙飛行士部』みたいな部署にいるだけで、他の職員も一緒に宇宙開発をする仲間です。だから、『宇宙飛行士の試験』というだけではなく、『JAXAの試験だ』という感覚は大切だと思います」

宇宙ってこんな
ふうに感じるんだね！
ワクワクするね！

●宇宙で感じたこと

――実際に行ってみて、宇宙はどんなところでしたか？

山崎さん「とても懐かしい思いがして、宇宙はふるさとだと感じました。地球も、そして私たち一人一人も宇宙の一部なんだと思いました。宇宙へ行くことは冒険という以上に、ふるさとを訪ねに行く、自分のルーツを探りに行く、という感じがしました」

――どんな場面で「これが宇宙なんだ」と感じましたか？

山崎さん「何段階かあって、最初はスペースシャトルが打ち上がる瞬間でした。次に感じたのは、発射から8分30秒後にエンジンが止まって宇宙に到達した瞬間です。地球が頭上に見えて、体が浮く感覚とシートベルトで押さえつけられる感覚があり、『これが無重力か！』と強烈に感じました。最後に感じたのはISSの中に乗り込んだ瞬間でした。エンジンが止まると船長さんが無線で『Welcome to Space（宇宙へようこそ）』と言ってくれて、1人ずつシートベルトを外していく。窓に近寄って真上にある地球を見たときの驚きは強烈でした」

ISSの実験棟で作業をする山崎さん

画像提供：NASA　©時事

――「宇宙はふるさと」という気持ちは、どのタイミングで芽生えたのですか？

山崎さん「宇宙に到達して体が浮き上がった瞬間です。この無重力が本当に楽しくて、体の細胞の一つ一つが懐かしがっている、喜んでいるように感じました。私たち動物は重力を耳の奥の三半規管で感知するといわれていますが、実は、細胞の中でエネルギーをつくっているミトコンドリアという器官にも重力を感知する機能があることが宇宙実験でわかってきました。ミトコンドリアは、もとをたどれば独立していたバクテリア（単細胞の微生物）で、それが細胞に取り込まれているのです。そうした太古のものが私たちの体に引き継がれているんですね」

――宇宙酔いというものがあるそうですが、山崎さんは大丈夫でしたか？

山崎さん「私はかかりませんでした。10

人中6〜7人は宇宙酔いにかかって気持ち悪くなるといわれていますが、数日かけて慣れていきます。

宇宙酔いは、無重力の宇宙では三半規管で感じる重力と目から入ってくる情報とが食い違ってしまうために起こるもので、一般的な乗り物酔いとはまた違うものです。乗り物に強い人が宇宙酔いにかかったり、普段は乗り物に酔う人が宇宙ではケロッとしていたりします。『乗り物酔いする人は宇宙酔いしやすい』ということはないので、今乗り物酔いしやすいという子も、心配しなくて大丈夫ですよ！」

――実際に行く前は、宇宙にどういうイメージを持っていましたか？

山崎さん「子どもの頃はSFやアニメのように『大人になったらみんな宇宙に行くのかな、スペースコロニーができているのかな』と想像していました。宇宙飛行士の訓練を続けていた11年の間も、宇宙は自分にとって特別な場所、あこがれの場所でした。

でも、いざ行ってみると、宇宙自体は真っ暗で、少し怖い空間でした。逆に、その中で光っている地球のほうがすごく

特別に感じました。宇宙に行く前は宇宙が特別でしたが、宇宙に行ってからは地球のほうが特別だとイメージが逆転しました。あの真っ暗な宇宙の大海原の中で、地球は奇跡的に美しいオアシスです」

——地球は宇宙からどういうふうに見えましたか？

山崎さん「光と影の対比がとても強烈に見えました。光が当たっている部分は輝いて、影の部分は真っ暗闇。地表の7割を覆っている海は光が当たっているとキラキラ輝いているし、その上に白い雲が広く浮かんでいる。大自然の力強さが際立つと同時に、地球自体も、その上のいろいろな動物や植物もみんな生きているという、集合体としての命の輝きを感じました」

●これからの宇宙飛行士

——2040年、どんな世界になっていると思いますか？

山崎さん「私が小学生だったときに宇宙飛行士になることなど思いもつかなかったように、今目の前にあること、想像できることだけが全てじゃないということを、まずお伝えしたいです。

現在、北海道、和歌山、大分、沖縄などで、地上と宇宙をつなぐスペースポート（ロケットが離着陸する宇宙の空港）の具体的な計画が進んでいます。スペースポートが本格的に運用されるようになれば、海外に行くために宇宙を経由する時代になるでしょう。2040年には関東圏にもスペースポートができて、東京とニューヨークが1時間以内で結ばれる世界になっていると思います。スペースポートにはロケットが垂直に発射される『垂直型』と、飛行機のように滑走路を使って離陸する『水平型』がありま す。水平型の空港兼宇宙港の場合、フライト案内の電子掲示板に『ロンドン行き』『ニューヨーク行き』『宇宙行き』が並んでいるような光景が当たり前になるんです。

ただ、それくらい宇宙に行ける人を増やすためには、国や役所と民間（一般の会社や団体）との連携が欠かせません。私自身が関わっている『スペースポート・ジャパン』など、民間の側から盛り上げていきたいです！」

――「民間の宇宙飛行士」には、どうやったらなれるのでしょうか？

山崎さん「民間の宇宙飛行士には2種類あって、一つは実業家の前澤友作さんのように自分の意思で宇宙旅行へ行く人で

す。もう一つは、ジャーナリストの秋山豊寛さんのように会社や組織から派遣されて仕事で宇宙へ行く人です。これからは、たとえば『ちょっと月まで出張してきなさい』というように、仕事で行く人たちが増えると予想しています。そうすると大量生産効果でコストも下がってきて、宇宙旅行の費用が安くなり旅行で行く人も増えていくという、良い循環になっていくと思います」

――旅行で行く人も仕事で行く人も「宇宙飛行士」と呼ばれるのでしょうか？

山崎さん「たぶん、2040年ごろには、『宇宙飛行士』と一言でくくらずに、『宇宙での先生』とか、『宇宙での農業従事者』とか、宇宙に行く目的や仕事に合わせて呼び方も細かく分かれていくかもしれませんね。宇宙船のキャビンアテンダントや旅行ガイドなど、パイロット以外にもいろいろな仕事が生まれてくると思います。地上にある職業は全て宇宙につながるようになるかもしれません。

実際に、自動車を造っていたら、月面を走る車の開発という宇宙に関わる仕事をするようになったという方もいます。何がどうつながってくるかわからないので、『宇宙×何か自分の好きなもの』という掛け合わせを持っているといいですね。自分の軸を持っていることが大事です」

――最後に、宇宙飛行士をめざす子ども

たちにアドバイスをお願いします！

山崎さん「まずは目の前のことを大切にする、『宇宙に行きたい』という思いを持ち続けることが大事です。迷ったら、ちょっと挑戦しがいがあるほう、むずかしいかもしれないけれど楽しいと思えるほう、わくわくするほうを選んでほしいです。本来、人間というのは挑戦したい生き物だと思うんです。だから、その純粋な気持ちを忘れないで、迷ったら挑戦する、悩んだら動く、それを繰り返して成長していった先に、宇宙があるのです。宇宙飛行士になるための準備に正解はありません。答えも一つじゃない。ノウハウを探すより、『自分で道をつくる！』というくらいの気持ちでいてください。

彫刻家で詩人の高村光太郎さんの詩『道程』に、『僕の前に道はない　僕の後ろに道は出来る』という一節があります。自分で選んでいって、選んでよかったとあとから思えるように努力していってください。宇宙は皆さんを待っています。私も待っていますよ！」

2 金井宣茂さんに聞いてみた！

金井 宣茂さん

続いて、海上自衛隊の医師からJAXA宇宙飛行士になり、ISSに長期滞在して船外活動なども担当した金井宣茂さんの宇宙飛行士体験です。

●宇宙飛行士の子ども時代

――金井さん、よろしくお願いします！金井さんは子どもの頃から宇宙飛行士になりたいと思っていましたか？

金井さん「自分が宇宙飛行士になれるとは思わず、興味もありませんでした。当時は毛利衛さんなどが宇宙に行っていて『おお、日本人、やるなあ』とは思っていましたが、自分とは別世界の話でした」

——小さいときはどんな子どもでしたか？

金井さん「自分の好きなことや面白いと思うことは情報を集めて夢中でやりましたが、興味がないことには全然で、あまり勉強もしないでヘラヘラ遊んでいて、学校の成績もよくなかったです。何でもかんでもできたって感じではなく、『自分はこれが好きだ』と思えることに打ち込む子どもでした。

本を読むのが好きで、ジュール・ヴェルヌの『海底二万里』など、冒険小説やSFの名作を楽しく読んでいました。当時は何も考えずに、『面白いな』と夢中になって何回も読み返していましたが、今にして思えば、そういった本との出会いが、海上自衛隊に入って船に乗ったり、宇宙飛行士になったりしたことにつながっていたのかなと思います。他には、『十五少年漂流記』も読んでいました。15人の子どもたちが無人島に流れ着き、子どもたちの力だけで生き延びるという、冒険あり、チームワークありのお話で、宇宙飛行士になりたい子どもたちは必読の書かもしれないですね」

——部活や習い事はしていましたか？

金井さん「子どもの頃から水泳をやっていました。おかげで、海上自衛隊に入って海で泳ぐのはもちろん、宇宙飛行士の訓練で宇宙服を着て水中に潜ったりするのもへっちゃらでした。水の中はフワフワしていて、無重力みたいな状態になるんですよ。体も健康になりましたし、水泳をやっていてよかったです。

あとは歴史が好きで、日本の昔ながらの考え方や文化にあこがれがありました。そういうものを身につけたいと思って、高校生のころに弓道と合気道を始めました。さらに大学を卒業してお医者さんになったあと、居合道も始めました。居合道は一人でお稽古ができるので、外国に行っても続けられました。より打ち込むようになったのは、アメリカのヒューストンに行ってからですね。心身を鍛えるために、武道のお稽古はずっと続けています」

――「冒険家」へのあこがれはありましたか？

金井さん「冒険家になりたかったわけではありませんが、型にはまった仕事には興味がわきませんでした。子どもの頃に『お医者さんになろう』と思いましたが、それも普通のお医者さんではなく国際的に活躍できるようなお医者さんになりたかったのです。もちろん、病院で患者さんを診るのもとても大事な仕事ですが、国境なき医師団とか国連弁務官とか、国をまたいだ人道的な医療活動をし

たかったんです。当時、自衛隊が海外支援に行くという話があって、そこでお医者さんとして働く道を選びました。

私はどちらかというと〝ビビリ〟なほうなのですが、『人がやったことのないことをやってみたい、行ったことのない所へ行ってみたい』という冒険心はあったので、宇宙飛行士をやっていて楽しいです。これから月面のようにまだ数えるほどの人しか行ったことがない場所に日本人も行けるかもしれないとなったら、『ぜひ行きたいです！』って言っちゃいます」

——宇宙飛行士になるために、子どもの頃からやっておいたほうがいいことはありますか？

金井さん「大人になるにつれてわかったことですが、物事は全部つながっています。だから、何でもいいんです。一生懸命頑張ったことはムダになりません。最終的にはそれが全部つながって、いろいろなことに役立ちます。自分の心を震わせるもの、感動したことを、とことんつきつめるのがいいと思います。そうすると、宇宙飛行士になったときにすごく役立つ『自分の強み』になりますし、もしかしたら、宇宙飛行士よりももっと魅力的な別の仕事や目標が見つかるかもしれません」

●宇宙飛行士への道のり

——いつから宇宙飛行士になろうと思い

始めたのですか？

金井さん「海上自衛隊にいた時です。自衛隊員さんは基本的に病気にならない、若くて健康な人たちですが、訓練やミッションで健康に目的を達成して帰って来られるようにケアしたり、病気になったときにサポートしたりするのが自衛隊のお医者さんの仕事です。そこで私が主に担当していたのが、潜水医学という分野でした。たとえば、ダイバーが海底に潜って作業をするとき体にはすごい水圧がかかります。普通の環境とは違う場所で人間の体にどういう変化が起こるのか、極限環境（普通の生物では生きられないような環境）にどういうふうに体が慣れていくのかといったことを研究していました。その仕事をしていた時に、『究極の極限環境って宇宙じゃないか』と考えたんです。

その後アメリカ軍に留学したときに、自分と同じような潜水医学や航空医学の仕事をしているアメリカ軍のお医者さんたちが宇宙飛行士になっていることを知って、『それなら、自衛隊のお医者さんである自分もなれるんじゃないか』と気づいたんです」

——選抜試験のことはどうやって知りましたか？

金井さん「宇宙飛行士になる道もあると気づいたのが28～29歳の頃で、それからいろいろ調べてＪＡＸＡの選抜試験のことを知りました。

白崎修一さんというお医者さんが書い

た『中年ドクター宇宙飛行士受験奮戦記』（学研プラス、2000年）という本に出会ったことも大きかったです。白崎さんは私が受けた試験の一つ前、古川聡さんや星出彰彦さんが選抜されたときの試験に挑戦して、最終試験で惜しくも涙をのんだのですが、その試験のときのお話がコミカルに書かれていて、とても面白かったです。スーパーマンではない普通の方、しかも自分と同じお医者さんが宇宙飛行士をめざして努力されて、最終的に宇宙飛行士にはなれなかったけれど、大きな気づきを得て人間的に成長した、といった内容で、読んですごく感動したんです。『たとえ宇宙飛行士になれなくても、挑戦することに意義がある』と、その本を参考に体力トレーニングをしたり英語の勉強をしたりして準備をしていました。そうしたら、運よく3～4年後ぐらいにＪＡＸＡの宇宙飛行士の募集が始まり、『チャンスが来た！』と思って応募しました」

――まだ募集が始まっていないうちから準備していたときは、どのような気持ちだったのでしょうか？

金井さん「自分が宇宙飛行士になって仕事をする未来について、明確なビジョンを持っていました。ＪＡＸＡのタウンホールミーティングを聴きに行ったり、一般公開を見に行ったりして、ＪＡＸＡの仕事について調べました。いろいろ勉強して、情報を集めたりしていると、なんとなく自分が宇宙飛行士になった時のイメージがわいてくるんです。『筑波宇宙センターで仕事しているのかな』『オフィスはあの辺にあるのかな』と、具体的なイメージづくりを重ねて準備していたので、試験を受ける時はもう自分が選ばれるつもりでした。『宇宙飛行士になれないかもしれない』なんて思わず、『自分なら絶対に受かる』とウソでも思い込んで一生懸命勉強すると目標を達成しやすい。この点では武道をやっていてよかったです。『負けちゃうかもしれない、失敗しちゃうかもしれない』という緊張感の中で、それに打ち勝って稽古した通りの実力を出すのが武道の極意ですから、土壇場で肝がすわるというか、『もうやるしかない！』って踏ん切りがつくんです」

●宇宙で感じたこと

――実際に宇宙に行って驚いたことはありますか？

金井さん「一番驚いたのは、『普通の生活が宇宙にもある』ということです。朝起きて、朝ご飯を食べて仕事をして、お昼休みをとって夕方まで仕事をしたら、夜は家族にメールを送ったり、地球を眺めて写真をパチパチ撮ったりして、週末になればいつもより長くゴロゴロ寝ていました。これは、地上での生活と同じですよね」

――船外活動（宇宙飛行士が宇宙船の外でおこなう活動）はどうでしたか？

金井さん「宇宙空間に出るのは怖かっ

たです。そこには自分とパートナーしかいない、もう誰も助けてくれないような状況で、本当に真剣勝負だなと思いました。宇宙でのミッションを終えて帰国したとき、居合道の先生に『あのときばかりは真剣を持って殺し合いをするような、そのぐらいの恐怖心を感じました』と報告しました。恐怖と闘いながら、『やるしかない！』と踏ん切りがついたのも、日ごろ武道のお稽古をして修練を積んでいたおかげかなと思います」

——宇宙空間の怖さというのはどういうものですか？

金井さん「『下に落ちる』という、高所恐怖症のような怖さではなく、周りに自分を守ってくれる壁がないという怖さです。ISSの外側の壁にはハンドレール（手すり）があるのですが、そこに手が届かない所まで離れてしまったら、宇宙空間に放り出されて二度と戻ってこられないかもしれない、という怖さがありました。

もちろん命綱は付けているので、万が一壁から離れてしまっても、最終的にはそれをたどれば戻ってこられるのですが、ハンドレールから両手を離して作業するのは本当に怖かったです。

闇に対する怖さもあったかもしれないです。船外活動を終えて帰って来たあと覚えていたのは『暗かったな』という印象でした。昼と夜を繰り返すなかで暗い時間帯があれば明るい時間帯もあったはずなのに、なぜだろうと考えて、ISS

の外には暗い宇宙が無限に広がっていることに気づいたからだとわかりました。ふだん船内で生活しているときは、窓の

船外活動をおこなう金井さん

画像提供：NASA/JAXA

外に地球が常に輝いて見えていて、窓のない天頂側に広がっている宇宙の暗がりは見えていませんでしたが、船外活動をすることでそのことに気づいたのです」

――宇宙へ行く前の訓練やイメージトレーニングとは違うなと思ったことはありましたか？

金井さん「宇宙服の着心地や無重力は、訓練で体験したものに似ていました。ただ、たとえばプールで無重力の模擬訓練をするときは周りにサポートダイバーがたくさんいて、すごくにぎやかで明るいんです。けれど、実際に宇宙空間に出ればパートナーと二人きりですから、すごく孤独感がありました。

船外活動をしていたのは5時間半ぐら

いでしたが、結構大変な作業で、『次はこの手順で』『次はあれをやって』と休む間がありませんでした。でも、そのおかげで余計な考えを意識の外に置いて、『訓練通りにやればいいんだ』と作業に集中できました」

——宇宙での食事で、特に好きな食べ物はありましたか？

金井さん「何でも食べますよ。特に野菜が好きです。ただ、宇宙食にはサラダやフレッシュフードがないので、少しさびしかったですね。たまに輸送船で玉ねぎやレモンが届いたときは、玉ねぎを生のままポリポリ食べたり、お肉と一緒にトルティーヤに巻いたり、サラダ風にして食べていました。宇宙に来ても味覚の変化はなく、地上でおいしいと思ったものは宇宙でもおいしかったです。

ただ、ずっと閉鎖環境で生活していると、やっぱり退屈さが蓄積されていくんですよね。宇宙食も、最初はおいしいと思っても、ずっと繰り返されるとだんだん飽きてきます。そうすると味変したくなったり、辛いとかしょっぱいとかパンチがきいた味の食事がほしくなったりしました。

ＩＳＳにはありとあらゆる調味料が用意されていて、日本のしょうゆやソース、マヨネーズもあります。その中でよく使っていたのはチリソースみたいなスパイシーなやつかな。宇宙食もそのまま食べるのではなく、違うものと混ぜたり、巻いて食べたり、そういう創造性を発揮するようになりました。いろいろ考えて工夫するのは楽しかったですよ」

●宇宙飛行士の仕事

――船外活動の他にはどんな仕事がありましたか？

金井さん「メディアでは宇宙に行くことが注目されますが、本当にミッションを取り仕切っているのは地上のミッションコントロールセンターの管制官たちで、さらにその上には管制官たちに方針を伝えるミッションマネジャーやプログラムマネジャーがいます。そういう意味では、宇宙飛行士は『現場の作業員』だといえます。船外活動のような華やかな仕事もあれば、故障したトイレを修理するような地味な仕事もあって、皆さんがイメージするようなキラキラするような仕事ではありません。宇宙飛行士は『何でも屋さん』ですよ」

――ふだん地上にいるときの宇宙飛行士さんは何をしているのですか？

金井さん「語学のレッスンや飛行機の操縦など、自分の能力や技術を維持するための訓練をしています。また、管制官の一員として、ISSの作業を地上からサポートする仕事もします。他にも、これから宇宙でやる実験で使う機器の開発や、開発した機器を実際に宇宙飛行士が使うときの手順の検証など、ミッションの支援作業のようなこともしています」

――最後に、宇宙飛行士をめざす子どもたちにアドバイスをお願いします！

金井さん「よく子どもたちから『宇宙飛行士になりたいんです』と言ってもらいますが、宇宙飛行士になることがゴールではないと思います。宇宙に行って何をしたいか、なぜ宇宙に行きたいのかということがすごく重要です。たとえば『乗り物が好きで、世界で一番速く飛べるのは宇宙船だから』とか『とにかく宇宙船を運転したいんだ』とか『宇宙から地球を眺めたらどんな感じなのか、それを見てみたいんだ』という人もいます。十人十色、どんな理由があってもいいんです。なぜ宇宙飛行士になりたいか、その理由を考えてもらいたいなと思います。

あとは、いろいろな宇宙飛行士がいて当然なので、自分は何が好きで、どういうことが得意で、宇宙飛行士になったらどういう場面で自分の強みを発揮できるかということは、よーく考えていただきたいです。自分の好きなことをめっちゃ頑張って勉強していれば、そして宇宙に行ってみたいという気持ちがあれば、自然と道はそこへ向かってつながっていきますよ！」

コラム

民間の宇宙飛行士

日本人として宇宙に行く方法は3つあります。JAXAの宇宙飛行士になること、国の宇宙機関に所属しない民間宇宙飛行士になること、旅行で行くことです。ジャーナリストの秋山豊寛さん（1990年）はテレビのお仕事で、日本人で初めて宇宙に行きました。実業家の前澤友作さんと平野陽三さん（2021年）は、旅行として宇宙に行きました。旅行とはいえ、ロシアの施設で約100日間の訓練とメディカルチェックも受けています。

また、元JAXAの若田光一さんは、現在、宇宙旅行や新しい宇宙ステーションの開発をおこなうアクシオム・スペース社（アメリカ）の民間宇宙飛行士でありアジア太平洋地域の最高技術責任者をつとめています。若田さんは日本人で一番多く宇宙に行き、日本人で初めてISS船長もつとめたスゴイ宇宙飛行士です。

2021年は「宇宙旅行元年」といわれ、初めて宇宙旅行者が宇宙飛行士を宇宙に行く人数で上回りました。2024年には世界で初めて民間宇宙飛行士が船外活動をおこないました。民間宇宙飛行士はどんどん増え、日本でも宇宙ビジネスが発展し、宇宙へ行くことが身近になると思います。でも、未知なる宇宙の最前線で働けるのは、今のところ国の宇宙開発事業を担うJAXAの宇宙飛行士だけなのです。

LESSON

宇宙飛行士(うちゅうひこうし)になる方法(ほうほう)

さあ、いよいよ宇宙飛行士になる方法を教えます！
心の準備はいいかな？
まずは宇宙飛行士になるための試験を見ていこう。

1 宇宙飛行士の選抜試験

ＪＡＸＡの宇宙飛行士になるためには、何かのお仕事を3年以上頑張ってから、宇宙飛行士候補者選抜試験に合格する必要があります。合格したら今のお仕事をやめて、宇宙飛行士に職業を変える「転職」をするのです。これまで選抜試験は6回おこなわれてきましたが、応募資格や試験の内容は毎回少しずつ変わっています。一番最近の2021年度（第6回）募集の応募資格や試験の内容を見てみましょう。第5回の募集までは、大学で理系の分野を学び、卒業後も

選抜	内容	人数
応募	中学校を卒業していれば誰でも応募可能！　ただし、3年間お仕事をして働いていた経験（実務経験）があることが条件です。	応募者 4127人
書類選抜	いわゆるエントリーシートによる審査です。「身長149・5〜190・5センチメートル」「両目とも視力（矯正視力）1・0以上」「色覚正常」「聴力正常」という、宇宙へ行ってさまざまな活動をおこなうために必要な体の条件を満たしているかどうかのチェックと、健康診断の結果など健康面が審査されます。	通過者 2266人
第0次選抜	①英語試験 ↓　受かった人のみ ②一般教養試験、STEM※分野の試験、適性検査、小論文 ※STEMは、科学（Science）・技術（Technology）・工学（Engineering）・数学（Mathematics）の略	通過者 205人
第1次選抜	一次医学検査、医学特性検査、プレゼンテーション試験、資質特性検査、運用技量試験	通過者 50人
第2次選抜	二次医学検査、医学特性検査（運動機能測定・グループワーク）、面接（英語試験・資質特性検査・プレゼンテーション試験）	通過者 10人
第3次選抜（最終選抜）	三次医学検査、医学特性検査、資質特性検査、運用技量試験、面接（英語試験・プレゼンテーション試験）	通過者 2人

図：第6回選抜試験のおもな内容

理系のお仕事（研究者や設計、お医者さんなど）に3年以上ついていることが応募資格に含まれていました。試験を受ける前からきびしい〜。でも、なんと第6回の募集では学歴関係なし！　中学を卒業していれば何歳でも大丈夫！　お仕事の分野も3年以上頑張っていればなんでもOK！　になりました。また、宇宙船の新しい技術がどんどんすごくなり、体重制限がなくなり、身長の条件も前よりゆるくなりました。

　年齢や学歴は関係なくなりましたが、第0次選抜は2段階あり、まず英語の試験に合格しなければなりません。合格すると受けられる一般教養試験でも大学生レベルの問題が出されますし、STEM分野の試験は国家公務員というお仕事につくための試験と同じレベルの問題が出されますので、やっぱり学校の勉強は大切ですね。

　第1次選抜の「資質特性検査」は、グループごとに一つの問題について話し合い、答えをまとめて発表するという取り組みを通して、チームワークやリーダーシップがチェックされました。「運用技量試験」は、制限時間内に図を見ながらブロックを組み立てるといった問題で、あせらず正確に作業をやり通せる能力をみられました。特に注目すべきは、第1次、第2次、第3次選抜で3回もおこなわれたプレゼンテーション試験。プレゼンテーションとは、自分の思いや考えを相手に伝えるためにおこなう発表のことです。言葉だけの時もありますし、いろいろな資料を使ってわかりやすく説明することもあります。聞いている人の心を動かすような表現をすることが大切です。第6回選抜試験で特に重視された能力「表現力や発信力」や、コミュニケーション能力を見るテストです。

　第3次選抜は、はじめに筑波宇宙センター（茨城県）にあるISSの「きぼう」日本実験棟そっくりにつくられたせまい場所（閉鎖環境適応訓練設備）で、「医学特性検査」と「資質特性検査」という試験がおこなわれました。約1週間ずっと閉じこもり、集団生活を送りながら、グループで、または一人でいろいろな問題に取り組むという内容です。試験中の様子は施設のあちこちにあるカメラを通して試験官からチェックされます。

家族やお友達と連絡をとれないようなストレスを感じる環境でも、チームの一員として行動できる力、失敗しても立て直してあきらめずに頑張れる力、突然トラブルが発生しても落ち着いて対応できる力などが試されました。施設から出たあとは、「きぼう」にも取り付けられているロボットアームを操作する「運用技量試験」がおこなわれました。

　次の試験会場は、JAXA相模原キャンパス（神奈川県）の宇宙探査実験棟。月面そっくりに造られた砂だらけの場所で、3チームに分かれて自分たちで作った小さな探査車を操縦しました。これは、リーダーシップやフォロワーシップというチーム力、予想外のことが起きても冷静に対応できる力などをチェッ

「きぼう」そっくりの設備の寝るところ

©JAXA

設備の外側。試験中は完全に閉ざされます

©JAXA

クする「医学特性検査」です。次に、初めて月面に立った宇宙飛行士の気持ちになって体験したことを英語で伝える英語試験・プレゼンテーション試験がおこなわれました。最後の試験会場はNASAジョンソン宇宙センター(アメリカ)で、英語による面接試験などがおこなわれました。

2 宇宙飛行士に求められるもの

宇宙飛行士になるために必要な「心・技・体」という言葉があります。選抜試験ではさまざまな問題が出されますが、それらへの取り組み方を通して、心・技・体の能力が備わっているかどうかを試験官の人たちは見ているのです。

心・技・体の能力を見ていきましょう。

「心」……みんなで仲良くできる、あきらめず最後まで頑張れる、失敗しても立て直せる、リーダーシップ(チーム全体をフォローしなが

らハーモニーを奏でるようにチームを率いる力）がある、フォロワーシップ（みんなの気持ちを考えてさりげなくサポートし、チームのために進んで動ける力）があるなど

「技」……宇宙船を動かしたり、実験機器を操作したりする時に必要な技術、器用さ、語学力（おもに英語）、得意な分野や特技があるなど

「体」……心も体も健康である、運動ができる、ちょっとやそっとじゃへこたれない気持ちの強さがあるなど

	特性	
1	目的意識、達成意欲	目的に向かって最後までやりきろうという強い気持ち
2	任務・訓練にたえうる健康状態	どんな場所でも元気に頑張れる
3	STEM分野の知識、論理的思考力、英語力、専門性	勉強ができる。他の国の人たちと英語でコミュニケーションをとれる。他の人に負けない得意分野がある
4	ミッション遂行能力（自己管理、コミュニケーション、リーダーシップなど）、緊急事態対処能力	チームのみんなと協力できてリーダーもやれる。大変な状況でも自分で考えて解決できる
5	進歩／変化に対応するための心身両面の適応性や強靭性	新しいことにもすぐなじめる
6	日本人としての誇り、広範な素養・知識、国際チーム員としての態度	日本の代表として、チームのみんなのことも考えて仲良く仕事ができる
7	外部に伝える表現力・発信力	自分が経験したことや考えたことを、みんなのためにわかりやすく伝えられる
8	高いコンプライアンス意識	決まりごとをしっかり守れる

図：宇宙飛行士に求められる特性8項目

これらが全部必要なのです。選抜試験の募集の時には、心・技・体のどんなところを見るのか発表されます。第6回選抜試験の募集要項で発表された8項目は前ページの図の通りです。このような特性（性質や能力）を持っているかどうかが、いろいろな方法でテストされるわけですね。

第6回の選抜試験では、れみさんが開いた「めざせ！ 未来の宇宙飛行士講座」の2人の生徒さんが第2次選抜まで進むことができました。4127人の応募者の中の50人に残れたのは、2人に共通していた下の図のような特性が高く評価されたことも大きかったのではないかと思います。

選抜試験の内容は毎回変わりますが、君たちが今の年齢から心・技・体、そしてこの本に出てくる宇宙飛行士マインドをきたえて伸ばしていけば、どんな問題が出されても立ち向かうことができますよ！

海外経験

外国人（多様性のある）のチームと一緒に仕事をしてきた経験
外国人のチームとのコミュニケーション能力が高い

自分の軸になる武器×〇〇

Aさん：今の仕事×パイロットの経験×ダイビング×野球
Bさん：今の仕事×武道（黒帯）×バンド活動×競泳
今の仕事（自分の軸になる武器）だけではなく、さらなる強みを持っている。さまざまな経験や特技がある

チームスポーツ経験

リーダーシップとフォロワーシップの力が高まるといわれるチームスポーツの経験がある

図：第2次選抜まで進んだ2人の共通点

3 宇宙飛行士の試験と訓練の担当者に聞いてみた！

柳川 孝二さん

上垣内 茂樹さん

ここからは、実際に選抜試験を担当していた柳川孝二さん、宇宙飛行士の訓練を担当していた上垣内茂樹さんに、宇宙飛行士に求められることを教えてもらいましょう。

柳川さんは第5回の選抜試験事務局のリーダーを務めた方、上垣内さんは初めて日本人宇宙飛行士の訓練方法を考え、毛利衛さん、向井千秋さん、土井隆雄さんたちの訓練も担当した方です。

2人は試験の審査員もしていたんだポ！
すごいポ～

●選抜試験のポイント

――柳川さん、上垣内さん、よろしくお願いします！　まず、宇宙飛行士候補者の募集時期や条件はどうやって決めていたのですか？

柳川さん「その先の宇宙開発のスケジュールをもとに、10年後、20年後には、こういう能力がある宇宙飛行士が何人くらいいるね、と計算して決めていました。たとえば第5回選抜試験のときは、2015年までISSを運用することは決まっていたのですが、期間が延長された場合に人員が足りなくなりそうだったので、『2016年以降もISSで活躍できる宇宙飛行士』を新しく募集することにしました」

宇宙飛行士マインド5
リーダーシップ・フォロワーシップの力を使って
あきらめずに頑張るモ

――選抜試験ではどういうところをチェックしていたのですか？

柳川さん「選抜試験に合格してすぐに宇宙へ行けるわけではなく、さらに2年くらい訓練を受けて初めて宇宙飛行士になれるのです。だから、応募してきた時点で宇宙飛行士に適しているかどうかという資質だけではなく、『この選抜試験のあとに訓練を受けたら宇宙飛行士に必要な能力がちゃんと身につくか』というところを見て選抜していました」

●チームワークと「あきらめない心」

——宇宙飛行士に大切なものってなんでしょうか？

柳川さん「チームパフォーマンスを上げるための『リーダーシップ』と『フォロワーシップ』をちゃんとわかっていることだと思います。ISSのように巨大なシステムを正確に動かすためには、いろいろな人が役割分担をしていて、たくさんの人が関わっているわけですよね。専門分野については細かい所までわかっているからといって、それだけで全部をカバーするなんて不可能です。だから、自分の能力と他の人の能力をうまくつないでいこうという心がけがなければ、とてもチームは成り立ちません」

上垣内さん「『あきらめない心』だと思います。柳川さんが言う通り、一つのミッションを達成するためにたくさんの人がいろいろな努力を重ねてきて、最後のとりでが宇宙飛行士なんです。宇宙飛行士はそういう重い荷物を背負ってやりとげないといけません。でも、宇宙飛行士が宇宙でおこなう作業は、ほぼ予定通りにはいきません。8割ぐらいは『えっ？』ということが起こります。それがどんどん重なったときに、『これはできないや』と簡単にあきらめてしまってはだめなんです。時には命に関わるようなこともありますが、あきらめず最後までやりとげて地球に帰ってくる、そういう気持ちが大事です」

――実際に「あきらめない心」でやりとげたというエピソードはありますか？

上垣内さん「向井千秋さんがスペースシャトルに搭乗していたとき、電気泳動装置という実験装置が何度直しても止まってしまったことがありました。地上からもいろいろ指示を出していたのですが、時間が限られていたミッションで、NASAから『他の実験ができなくなるから、もうあきらめろ』と言われました。そうしたら、アメリカの宇宙飛行士が他の人に聞かれない回線を使って『日本のチームにまだ直す気があるなら、俺たちも休みを返上してやるぞ』と言ってくれたんです。宇宙では作業する時間と休む時間がきちんと決まっていて、本当は休みの日に地上から作業を頼むなんてことは絶対にできないんですが、何時間もかかる作業をやってくれて、4回目のチャレンジでやっと装置が動きました。点滴パックやガムテープなど、その場にあったあらゆるものを使って直してくれたんです。もう感謝、感激でしたね」

――宇宙飛行士に求められる「心・技・体」について教えてください。

上垣内さん「宇宙飛行士にとって一番大事なミッションは『無事に地球に帰ってくること』です。そういう視点で『心・技・体』を見ていきます。まず『体』。健康であることや身体的な条件は大事な要素ですが、宇宙船が進化して体にかかる負荷は減ってきています。医学的な基準もかなり幅が広がってきていて、ヨーロッパでは事故で片脚を失った人が宇宙飛行士候補者になっています。『体』の条件はどんどん広がっていくと思います。

次に『技』。ミスをしないで地球に帰ってくるための学力や器用さは大切ですが、最新の宇宙船は行って帰ってくるだけなら自動操縦でまかなえます。だから、『技』も宇宙船の技術の進歩でカバーしてくれるようになると思います。

そうなると最後は『心』。こればかりは、大変なときでも仲良くやれる協調性と忍耐力がないと宇宙飛行全体が危なくなります。たとえば、ロシアのミール宇宙船で実際に起こったことですが、疲れて引きこもりになってしまった宇宙飛行士が地上管制官の言うことを聞かず、そのまま長期滞在をしていたら宇宙船全体が危なくなるから地球へ帰した、ということがありました。これから先どんなに宇宙船が進化したとしても、宇宙飛行士自身がチームワークを大切にできなければ、ミッションは達成できません」

●2040年の宇宙飛行士に必要なこと

――昔の選抜試験と今の選抜試験で変わったことはありますか？

柳川さん「1950〜60年代は、本当に生きるか死ぬかみたいなミッションだったので、アメリカやロシアの選抜試験ではテストパイロットで荒くれものみたいな人たちが多かったんです」

上垣内さん「昔はいろいろな面でかなり優秀であることが求められていましたが、今の選抜試験では体育や勉強がトップクラスである必要はありません」

――2040年に宇宙へ行く宇宙飛行士には何が求められると考えますか？

柳川さん「上垣内さんが言う通り、宇宙船が改良されて宇宙飛行士への負担は減りましたが、一歩外へ出れば空気がない宇宙で、そこには死が待っているということに変わりはありません。もちろん、そんな事故を防ぐように計算され設計されていますし、訓練もおこないますが、それでも何かが起こる可能性はゼロではありません。だから、『トラブルが起こったときどうするか』ということについて特に時間をかけて訓練しています。

宇宙に行く人にとって重要な能力の一つに、『状況認識』というものがあります。問題なく無事に過ごしている状況から一瞬だけ何かが起きた時にすぐ気づけて、なんでそうなったのかがわかって、そのままにしておくとどうなるのかまで予測できる能力です。何かが起きたときの仲間の安全確認や地上管制官との情報共有には決まった手順があるので、宇宙に行く前にそれを繰り返し訓練します。トラブルが起きたとき、あわてて新たなトラブルを起こしてしまうと、どんどん修正がむずかしくなってしまいます。状況が変わっても自分をコントロールし、落ち着いて対応して事故を防ぐことができる能力が必要なんです」

上垣内さん「まず『心』が大事だと言うのもそういう理由です。システムが進化していっても、最後に問題を解決する人間たちがちゃんと頑張らないといけない。それは現在でも2040年になっても同じです。だから、最後までみんなで仲良く一緒に頑張ってくれるだろう、何かあってもちゃんと戻ってきてくれるだろう、と安心して送り出せるような人が宇宙飛行士になれるんだと思います」

●人間が宇宙へ行く意味

――宇宙に行っていろいろ調べるならロボットでもいいじゃないか、と言う人もいますが、人間が行くことにはどんな意味があると思いますか？

上垣内さん「地球の表面だけで生きているかぎり、人間は自分たちが宇宙の中でどういうところに生きているのかということはわかりません。でも、一歩宇宙に出て、そこから立体的に地球を見ると世界観が変わるんです。古川聡さんが言っていたことですが、東京で『あなたはどこから来ましたか』と聞かれたら『神奈川から』と答える、アメリカで聞かれたら『日本から』と答える、でも、月で聞かれたら『地球から来ました』と答える、と。みんながそういう意識を持てたら、同じ地球から来ている人間同士でなぜ争っているんだろうとか、みんなの地球を大事にしなくちゃいけないとか、そういう気持ちになりますよね。実際に人間が宇宙に行って、そこで感じた気持ちを発信して共有していくことで、人類は『新しい人類』になると思っています」

柳川さん「作家でジャーナリストの立花隆さんが書いた『宇宙からの帰還』（中公文庫、1983年）という本に、音がない月面に立ったとき『人間は自然の中で生かされている』という感覚になったというアポロ計画に参加した宇宙飛行士のお話がありました。今までいた環境とはまったく違う場所に行って初めて自分の限界がわかる。そういう体験があって新しい人類観に至るわけです。宇宙に行ったロボットが送ってくる映像や画像をテレビやパソコンで見ているだけでは、そういう感覚は共有できないですよね」

上垣内さん「宇宙に行った人から新しい言葉が生まれたように、新しい世界というのも生まれるんです。それはきっと、人間が実際に行ってみないとわからないことです」

●宇宙で活躍するための心がけ

―宇宙飛行士の皆さんが選抜試験のあとの訓練で苦労されていたことはありますか？

柳川さん「選抜試験に合格した候補者は訓練で基礎的な能力を身につけて宇宙飛行士に認定されますが、それですぐ宇宙へ行けるわけではなく、ミッションにアサイン（任命）されないといけません。でも、たくさんいる宇宙飛行士の中で、ミッションを達成するために必要なすぐれた技量がないと、なかなか選んでもらえないわけです」

上垣内さん「宇宙では、限られたメンバーでいろいろなミッションを達成するために、自分の専門分野ではないこともやらないといけません。たとえば、お医者さんだった金井宣茂さんは、飛行機の操縦訓練が大変だったと言っていました。同じくお医者さんだった向井千秋さんも、電気炉で金属を溶かす実験をきちんとできるように訓練しましたし、毛利衛さんや土井隆雄さんも細胞を培養したり、それを顕微鏡で観察したりする訓練をしました。今までやってきたお仕事とまったく違う分野の訓練は、かなり大変だったようです」

――専門分野以外のことにも対応できるようになるためには、どういうことをやっておくといいのでしょうか？

柳川さん「もともとパイロットだった大西卓哉さんや油井亀美也さんのほうが金井さんよりもパイロットとしての技量はありましたが、同期の3人の中で船外活動をやったのは金井さんだけでした。なぜかというと、金井さんには海上自衛隊にいたときの潜水訓練の経験がありました。それも普通に潜水するだけではなく、非常事態の訓練もやっていたという経験と能力が評価されたのです。つまり、何でもいいから、そのときやっていることを一生懸命やって、それを達成することが大切です。そして、一つでも何かをマスターした経験があれば、また違うことにチャレンジするときもそのときのやり方を生かすことができます」

上垣内さん「何にでも興味を持ってやってみることも大事です。好きなことをつきつめるのはもちろんいいことですが、『それ以外のことはやらない、やりたくない』というふうになっちゃうと、宇宙飛行士には向いていないかなと思います」

柳川さん「先ほども言ったように、ISSはすごく大きなシステムで、一人の人間が全部の部品や装置を知りつくすということはまずあり得ません。それぞれに得意なことや苦手なことは当然あるので、そこは割り切って、どの装置についても3種類の役割に分けているんです。その装置がある場所に立ち入ることができる『ユーザー』、実際に装置を操作できる『オペレーター』、装置に異常があったときに分解して直すこともできる『スペシャリスト』です。くわしくないものは『ユーザー』のレベルから、自分の専門分野は完璧にマスターして『スペシャリスト』のレベルをめざす、ということでいいんです。そのかわり、誰にも負けない自分の得意分野は絶対に押さえておくことが必要です」

宇宙飛行士マインド8
誰にも負けない
「得意なこと」をつくるピ

――語学力はどうやって身につけたらいいでしょうか？

柳川さん「ＩＳＳでは英語とロシア語が必要でしたが、宇宙飛行士になる前からロシア語に接していた人はめったにいなくて、ほとんどの人は新しい世界にぽんと飛び込むことになりました。ＮＡＳＡに『語学力はこのくらいの時間があればこのくらい伸びる』というデータがあって、ＪＡＸＡでもそれを使っていましたが、時間をかけてもなかなか伸びない人はロシアにホームステイして『没入訓練』というものをやってもらいました。それでだいたい身についていました」

上垣内さん「新しい言語を覚えようとすれば、最初はうまくできなくて恥をかきます。でも、それを超えないかぎり語学力は身につきません。恥ずかしがらず、こわがらずに取り組むことが大事です」

柳川さん「若田光一さんは、中学生のときから英語が好きで海外留学やホームステイの経験があり、旅客機の整備士の経験もあったので、それなりに自信をもってNASAの訓練を受けに行ったんです。でも、『飛行機の周波数をこう変えろ』といった専門的な指示を早口の英語で言われても聞き取れなくて、訓練もうまくいかず落ち込んでしまった若田さんは、帰りの車の中で無意識に童謡の『鳩ぽっぽ』を口ずさんでいたそうです。そのくらい落ち込んだけど、それを乗り越えた若田さんは宇宙に5回も行ってISSの船長にもなったわけです」

体と想像力をきたえよう

――最後に、宇宙飛行士になるために子どもたちが今から始められることがあれば教えてください！

柳川さん「集団スポーツをやることをお勧めします。チームを組んで、なんとか勝ってやろうと話し合い、努力をする、そういう体験をしておくといいと思います。あと、今までできていないことを努力し続けて何とかできるようにすること。ここまでしかできない、というラインをぐぐっ、ぐぐっと毎日1ミリずつでもいいから押し上げていく、それを続けていくことです」

上垣内さん「努力し続けることは大事ですよね。先ほど『体』の条件は宇宙船の進歩でカバーできるとお話ししましたが、やはり船外活動などをするにはある程度の体力が必要です。となると、毎日ちゃんと運動を続けることを心がけておいたほうが、『宇宙でできること』が増えると思います」

柳川さん「宇宙飛行士になる20年後に向かってはしごをかけて、その1段目として『明日これをしよう』と決める。『来年になったらやるぞ！』なんて言っても大体やりませんよね。さっそく明日から1段1段刻み上げていくというのが大切だと思います」

上垣内さん「先ほどお話しした興味があることを一生懸命やってみるということの他に、想像力をもつことも重要です。想像力には2種類あって、『これをしたら何が起こるか』という現象に対する想像力と、『こう言ったら相手にちゃんと伝わるか、こう言ったら相手がどう思うか』という相手の立場になって考える想像力です。宇宙で何かが起こったときには、次はどうなるかと想像しながら対処していかないといけません。それから、地上管制官と声だけで通信しているとき、『こういうレポートをしたら地上

管制官にもわかってもらえるだろうか』ということを考えながら話をする必要があります。むずかしい話ではなく、だれかと仲良くするためには、相手の気持ちを考えながら話しますよね。だから、今のうちから想像力を持つことを心がけてほしいと思います」

柳川さん「リーダーがものすごく優秀な人でも、『黙って言うこと聞け』みたいなことを言うだけでは、たぶんチームはうまく動きません。『これはAさんの得意分野だから、Aさんに担当してもらおう』とか、みんなの能力や得意なことをうまく融合させていかないとミッションは絶対に成功しないので、『俺はすぐれているんだ！』なんて思う人は、おそらく宇宙飛行士に向いていません。チームを構成する人たちが何を思っているか考えて動かないといけない。他人の気持ちを考えられることはすごく大切ですね」

宇宙飛行士マインド10
次は何が起こる?
相手はどう思う?
と想像して行動するピ

みんな
宇宙飛行士マインド、
わかってきたかピ?

LESSON

やってみよう！

仮想（かそう）

選抜試験対策（せんばつしけんたいさく）

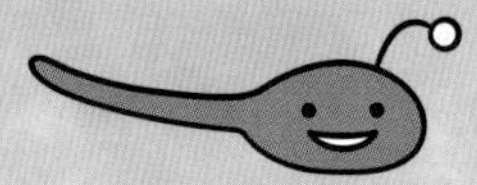

宇宙飛行士になるための特別な訓練方法を伝授します！

1 宇宙飛行士たるもの、宇宙飛行士宣言チャートを作るべし

なぜ、人間は宇宙に行くのでしょうか？　下の図には、その5つの理由が書かれています。大事なのは、LESSON4で金井宣茂さんが言っていた「宇宙に行って何をしたいのか、なぜ宇宙に行きたいのか」。自分がなぜ宇宙飛行士になりたいのかをはっきりさせる

1. 地上ではできない実験や研究をして、地上の社会の役に立つ
2. 宇宙のことをもっとよく知るため
3. 他の星の資源を使って地球の生活を豊かにするため
4. 地球の人口が増えても、火星などに移住して生きていくことができるようにするため
5. 新しい世界観を共有して、人間がもっと賢くなるため

図：何のために人は宇宙へ行くのか？

こと。めざす宇宙飛行士の姿をイメージして書き出してみましょう。やり方はこちらです。

❶…宇宙飛行士になって行ってみたい場所を書こう。

❷…❶で書いた場所で何をしたい？やってみたいことを書こう。

❸…なぜ❷をしたいのかな？　その理由を書こう。

❹…❷を成功させたとき、地球の人たちへ伝えたい言葉を書こう。

❺…❷を成功させたあと、成功させる前と比べて未来はどんなふうに変わるのかを書こう。

❻…❶から❺を書いたチャート全体を見てみよう。君がめざす宇宙飛行士

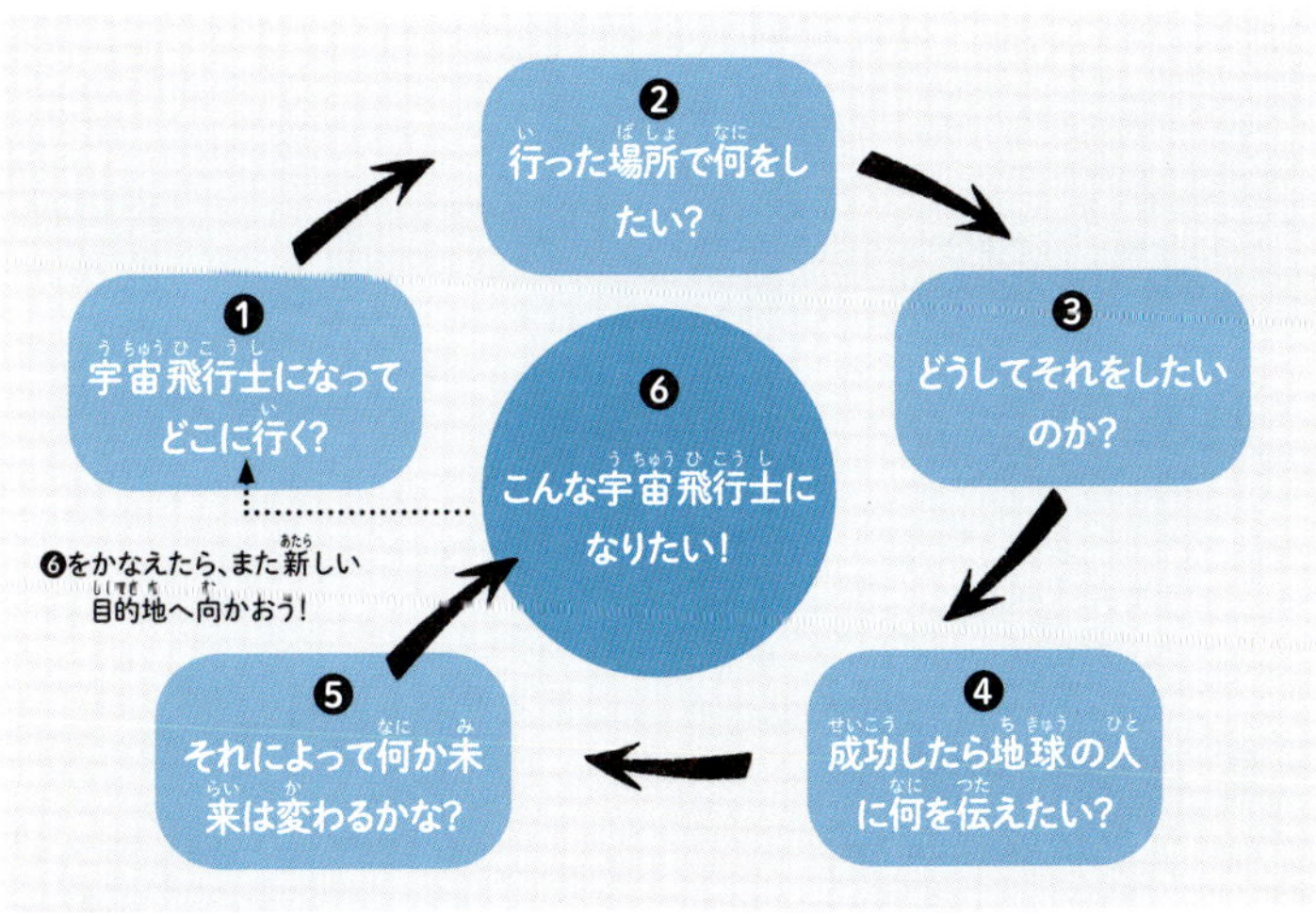

❶ 宇宙飛行士になってどこに行く?

❷ 行った場所で何をしたい?

❸ どうしてそれをしたいのか?

❹ 成功したら地球の人に何を伝えたい?

❺ それによって何か未来は変わるかな?

❻ こんな宇宙飛行士になりたい!

❻をかなえたら、また新しい目的地へ向かおう!

図：宇宙飛行士宣言チャート

の姿がハッキリとわかると思います。それを書こう。

どんな宇宙飛行士になりたいのか決まりましたか？　では頭の中で、自分が宇宙で大活躍する姿を想像してください。ほら、ワクワクしますよね！

これで、君は宇宙飛行士への道をしっかりと歩き始めました。行きたい場所ややりたいことが変わったら、また新しいチャートを書いてみてください！

2 宇宙飛行士たるもの、心・技・体をきたえるべし

LESSON5でお話しした宇宙飛行士に必要な「心・技・体」。実は、君たちのふだんの生活できたえることができます。


「心」

困っているお友達を助けてあげる！

家族のお手伝いをする！


「技」

学校の勉強を頑張る！

「体」
体育の授業を頑張る！

「そんなこと？」と思うかもしれませんが、毎日の行動の一つ一つが、全て宇宙飛行士への道につながっているのです。

この他にも、LESSON5で柳川孝二さんがおススメしてくれた集団スポーツ、たとえば野球やサッカー、バスケットボール、バレーボール、ラグビーなどをやると、「心」（チームの一員として頑張る）も「体」（体力がつく、へこたれなくなる）もきたえられます。

3 宇宙飛行士たるもの、マンダラチャート®で計画を立てるべし

ここまでのレッスンを通して、目標を決めて一つ一つ努力を続けることの大切は、もう君たちもわかっていると思います。でも、れみさんはよく、「どうやって目標を達成する計画を立てればいいですか？」と聞かれます。そんな君にぜひ

作ってほしいのが、「宇宙飛行士マンダラチャート®」です！

マンダラチャート®というのは、大きな目標を達成するために必要な小さな目標を一つ一つ書き出して、具体的な行動の計画を立てていく方法です。アメリカのメジャーリーグで活躍する大谷翔平選手が高校生のときに使っていたことでもよく知られています。さぁ、ペンを準備して、マンダラチャート®で宇宙飛行士になる計画を立てよう！

マンダラチャート®の作り方

① 中央のマスに、109ページの「宇宙飛行士宣言チャート」の⑥に書いた「自分がめざす宇宙飛行士」を書き込みます。

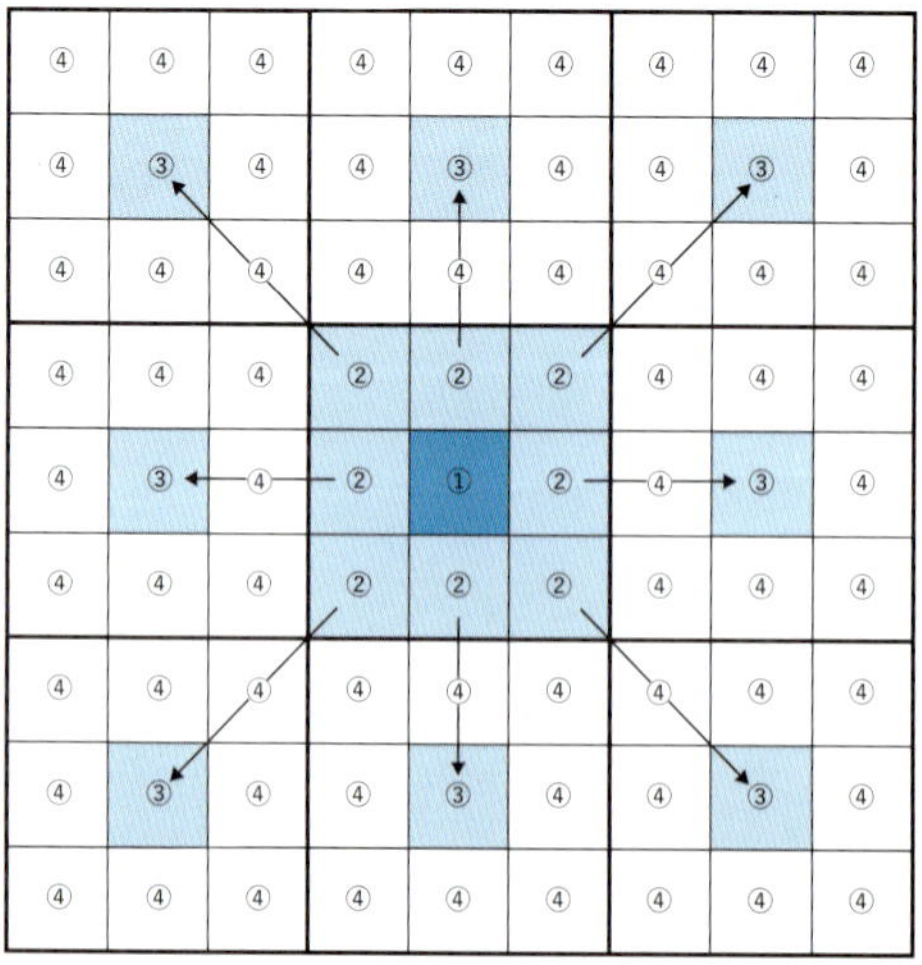

④	④	④	④	④	④	④	④	④
④	③	④	④	③	④	④	③	④
④	④	④	④	④	④	④	④	④
④	④	④	②	②	②	④	④	④
④	③	④	②	①	②	④	③	④
④	④	④	②	②	②	④	④	④
④	④	④	④	④	④	④	④	④
④	③	④	④	③	④	④	③	④
④	④	④	④	④	④	④	④	④

図：マンダラチャート®

② ①のマスのまわりの8マスに、めざす宇宙飛行士になるために必要だと思うことを書き込みます(最初は91ページの「宇宙飛行士に求められる特性8項目」を入れてみてください。慣れてきたら自分で考えたことを入れてくださいね)。

③ ②で書き込んだことを、それぞれ矢印の先のマスに書き込みます

④ ③のそれぞれのまわりの8マスに、それを身につけるための小さな目標をできるだけ具体的に書き込みます。たとえば、「どこでも元気に頑張れる」と書いたマスのまわりには、それを身につけるための小さな目標(「体育を頑張る」「腕立て伏せを毎日10回やる」「キャンプに行く」「水泳をやる」など)を書き込みます。

⑤ すべてのマスがうまったら、書き込んだ目標に向けて行動していきましょう!

マンダラチャート®は一度作ったら終わりではなく、達成したマスにチェックを入れて、一つずつクリアしていくことが大切です。自分だけのマンダラチャート®を作って、宇宙飛行士に一歩ずつ近づきましょう!

4 宇宙飛行士たるもの、キャスターのテクニックを学ぶべし

JAXAが2021年9月29日におこなった「野口宇宙飛行士ミッション報告会」で、JAXA有人宇宙技術部門事業推進部部長(現在はJAXA理事補佐)の川崎一義さんが、第6回選抜試験では特に「豊かな表現力・発信力があること」を重視しているとお話ししていました。この試験で選ばれる宇宙飛行士には、新しい環境である月に行ったときに体験したことや感じたこと、わかったことを世界中の人たちに伝えられる表現力や発信力があること、その経験を生かして人類の発展や次の世代の子どもたちのために頑張れることが求められたのです。

(報告会はYoutubeで見られます〈2024年7月31日時点〉。https://www.youtube.com/live/WSLW9DCQSU8
※川崎さんのお話は2時間21分40秒ごろから)

君たちが宇宙飛行士になったときには、初めて火星に降り立つ人になるかもしれません。さらにその先の惑星をめざ

すことになるかもしれませんし、もしかしたら初めて宇宙人に会う人類になるかもしれません。だからこそ、宇宙で見たものや知ったことを地球の人たちに伝えて知ってもらうための表現力や発信力が、これまで以上に大切になってくるのです。

そこで、宇宙キャスター®であるれみさんから君たちへ、自分の思いや考えをしっかり相手に伝えるテクニックを伝授します！

事前にたくさん調べよう

宇宙飛行士として行く場所について正しい情報をたくさん調べましょう。そして、実際に自分がそこへ行った時に見える景色をイメージしておきましょう。

日ごろからいろいろな表現や言葉を見つけてメモしよう

宇宙飛行士になったら、自分が見たものや経験したことを地球にいる人たちに正確に伝えるため表現や言葉を工夫しなければなりません。心にひびく表現が大切です。日ごろから他の人の話をよく聞いたり、本などを読んだりして「いいな」「伝わりやすいな」と思ったすてきな表現や言葉をノートにメモしておいて、自分が話すときに使ってみましょう。

むずかしい言葉をわかりやすい言葉に変えよう

宇宙飛行士は子どもたちに向けて話すこともあります。宇宙に関する言葉にはむずかしいものも多いですが、そればかりだと伝わりにくくなります。専門的なむずかしい言葉を簡単な言葉に直して、いろいろな人に伝える工夫をしましょう。

一番伝えたいことをハッキリと話そう

地球から離れるほど地上の管制官(地上から宇宙飛行士を支えてくれる人)との通信はむずかしくなるので、宇宙飛行士は限られた時間の中で正確な情報を伝えなければなりません。一番伝えたいことをハッキリさせて、短くまとめて話せるように訓練しましょう。

ワクワクする気持ちを伝えよう

宇宙飛行士になった君たちが宇宙から伝えたいと思うことは、きっと君たち自身がすごくワクワクしたことのはず。それを伝えた相手にも同じ気持ちになってもらえるように、楽しい気持ちで笑顔で話しましょう。

宇宙飛行士宣言をしてみよう!

では実際にやってみよう。109ページの「宇宙飛行士宣言チャート」に書いたことを、お友達や家族に楽しくわかりやすく伝えてみましょう。

たとえば、「火星の楽しさを伝える宇宙飛行士になりたい!」という宣言をする場合、次のような順番で文章を作ってみましょう。わかりやすく伝えるために大切なことは「起承転結」です!

起

短く簡単な言葉で相手の心をつかめ!

例⑥ 火星の楽しさを伝える宇宙飛行士になりたい!

承

驚きがあることや印象に残るエピソードなどを交えてくわしく説明しよう！

例　なぜなら私は③火星が好きでみんなにも知ってほしいから。①火星に行ったら、②火星を調べて面白いところを探したい。成功したら地球のみんなに④火星って良い所、「おいで」って呼びかけたい。

転

それによってどんな未来にしたいのか、宇宙飛行士としての自分の目標をアピールしよう！

例　そうしたら⑤たくさんの人が火星に住んで宇宙の謎が解明される！

スタート

① 火星

② 火星を調べて面白いところを探したい

③ 火星が好きでみんなにも知ってほしいから

④ 火星って良い所「おいで」って呼びかけたい

⑤ たくさんの人が火星に住んで、宇宙の謎が解明される

⑥ 火星の楽しさを伝える宇宙飛行士になりたい！

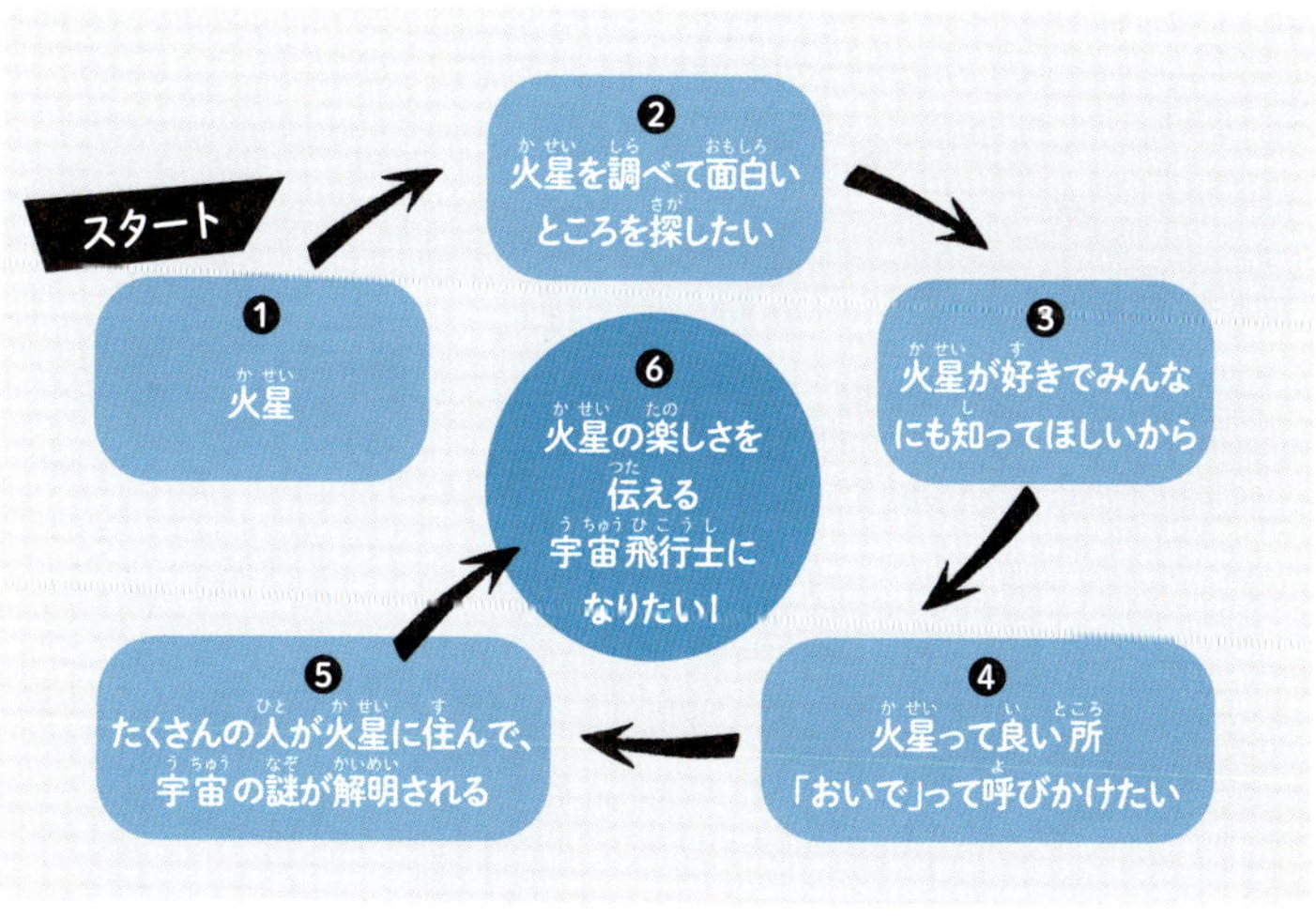

図：宇宙飛行士宣言チャートの例

結

相手に伝えたいこと、呼びかけたいこと、強く熱い思いを具体的に！

例　だから私は⑥火星の楽しさを伝える宇宙飛行士になりたい！

最後に自分の強い気持ち

例　絶対に宇宙飛行士になって、火星に行くぞ！

こうやって文章にしてから、声に出してお友達や家族に「宇宙飛行士になる宣言」をしましょう！　宇宙飛行士になりたい気持ちを人に伝えるのは勇気がいることかもしれません。でも、自分の気持ちを言葉にしてはっきりと宣言することで伝える力がつき、宇宙飛行士の目標

宇宙キャスター®直伝！　伝わる話し方の3か条

その1　大きくはっきり、自信をもって話す

その2　語尾に小さな「ッ」を入れるように読む　真実味、説得力が増しますッ　例「宇宙飛行士になりたいんだッ」

その3　一文を読むとき出だしの声は大きく、どんどん小さくしていく

例「今日私は宇宙に行きました」

に近づくことができるのです。宇宙飛行士宣言をより感動的にするための3か条も教えますので、参考にしてみてください。宣言することで、君の宇宙飛行士マインドもどんどん高まっていくはずです。

5 選抜試験を体験！「心」をきたえるべし

ここからは、選抜試験や訓練で実際に出た問題を使って、選抜試験を体験しながら「心・技・体」をきたえていきましょう。

まずは「心」！　どんな状況でも冷静に、そして正確に決められた作業をやりとげる根気強さが必要な試験です。

●千羽鶴タイムアタック！

これは、油井亀美也さん、大西卓哉さん、金井宣茂さんが挑戦した選抜試験の第3次選抜で、閉鎖環境適用訓練設備に滞在する中で出された試験です。

「1日1時間、4日間で、受験者10人で合計1000羽の鶴を折り糸を通して千羽鶴を完成させよう！」というもので、作業時間だけでは間に合わず、休み時間も使ってなんとか完成することができたそうです。

1人でやるときは、「1日15分で4羽、5日間で合計20羽の鶴を折る！」を目標にチャレンジ！ 1日目に4羽折れなくても5日間で20羽をめざしましょう。ただし、急いで形がガタガタな鶴を何羽折っても合格とはいきません。宇宙飛行士に必要な「集中するがまん強さ」「失敗してもあきらめずに立て直せる力」「あせらずに落ち着いてていねいにできる力」が成功のポイントです。

●ホワイトパズル

これは、山崎直子さん、古川聡さん、星出彰彦さんが選抜試験を受けた時に出された、有名な白い無地のパズルです。閉鎖環境適用訓練設備に

いる時に「144ピースの真っ白なジグソーパズルを3時間以内に完成させる」という内容でした。単純な作業をがまん強くできるかがポイント！ ピース数が少ない簡単なものからチャレンジしましょう！

6 選抜試験を体験！「技」をきたえるべし

次は「技」！ 宇宙飛行士は、宇宙船を動かしたり無重力空間で船外活動をおこないます！ そのために必要な「空間識」（自分の位置や姿勢、方向などが正しくわかる能力）や「空間把握能力」（物の形や大きさ、位置や方向などが正しくわかる能力）に関する試験です。

●サイコロテスト

LESSON4で金井さんが教えてくれたように、宇宙飛行士の船外活動はハンドレールと命綱が頼りの危険な作業です。万が一、宇宙空間に放り出されてしまったときは、宇宙服のガスがプッと噴射する装置を使って自分の力で移動して戻らなければなりません。そんなとき、無重力空間でも自分のいる位置や姿勢、進むべき方向が正確にわかる「空間識」という能力が欠かせません。これはヨーロッパの宇宙機関で実際におこなわれた空間識を使う試験です。

やり方は、サイコロを転がして「1」の目がどこに移動したかを頭の中でイメージして当てるだけ。サイコロの目が自分から見えない状態であれば、自分で転がしても、他の人に転がしてもらってもOKです！

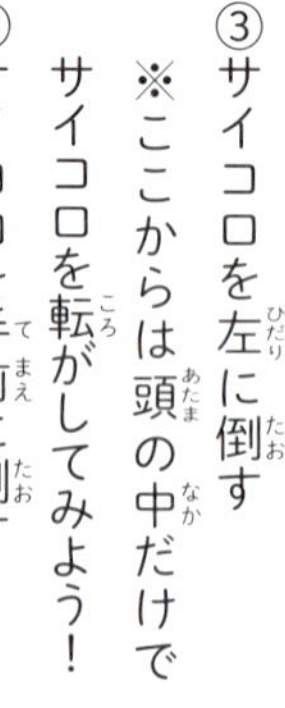

【問題】

①「1」の目が正面を向いているところからスタート

②サイコロを奥に倒す

③サイコロを左に倒す

※ここからは頭の中だけでサイコロを転がしてみよう！

④サイコロを手前に倒す

⑤サイコロを右に倒す

⑥サイコロを奥に倒す

⑦サイコロを奥に倒す

さあ、「1」の目はどの面にあるかな？

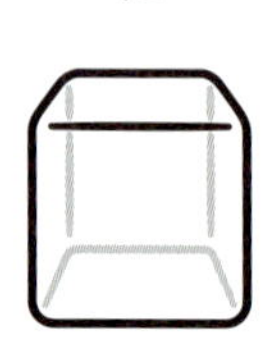

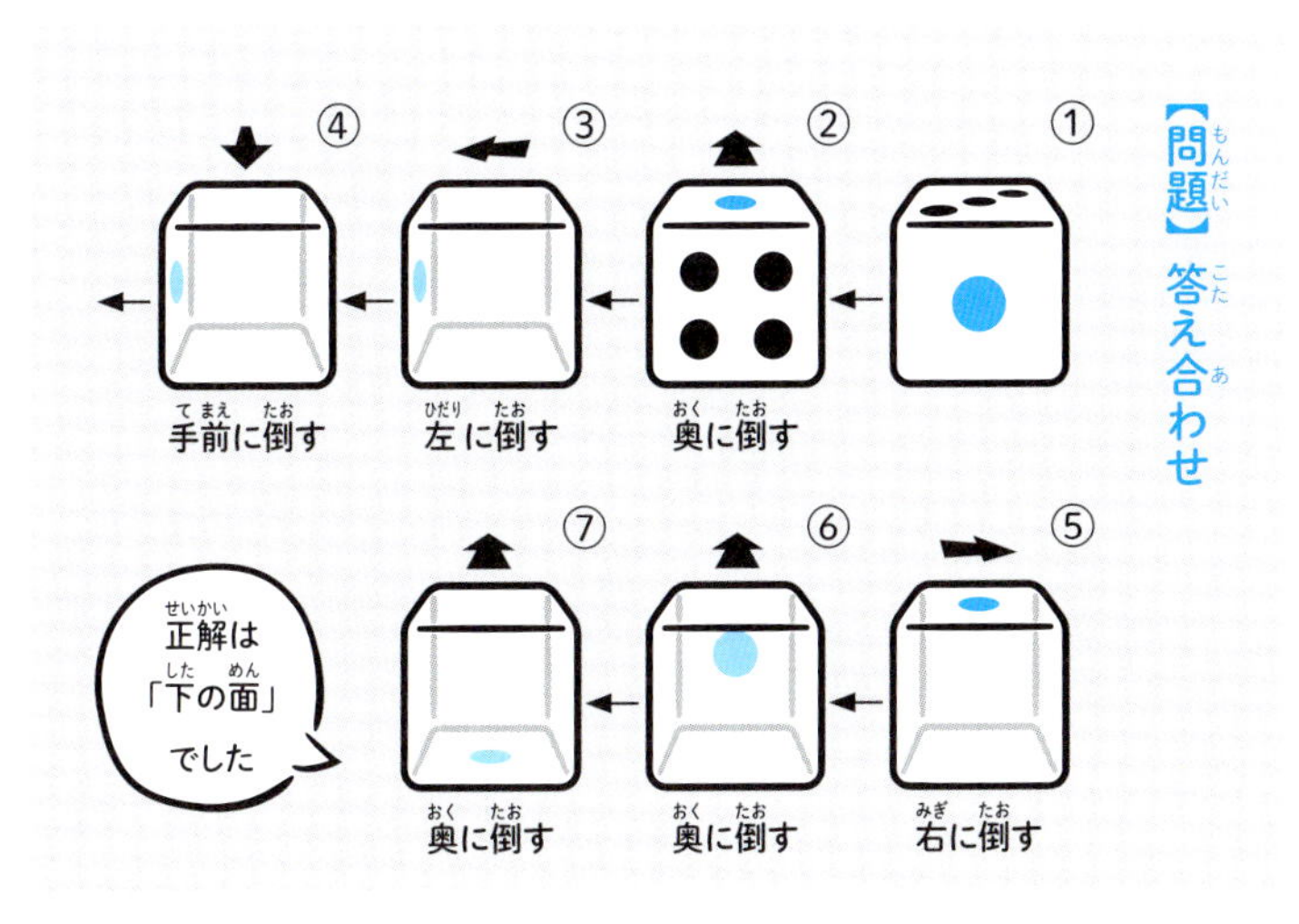

【ちょっとむずかしい問題】

①「1」の目が正面を向いているところからスタート

②サイコロを奥に倒す

※ここからは頭の中だけでリイコロを転がしてみよう！

③サイコロを左に倒す

④サイコロを反時計回りに回す

⑤サイコロを手前に倒す

⑥サイコロを右に倒す

⑦サイコロを時計回りに回す

さあ、「1」の目はどの面にあるかな？

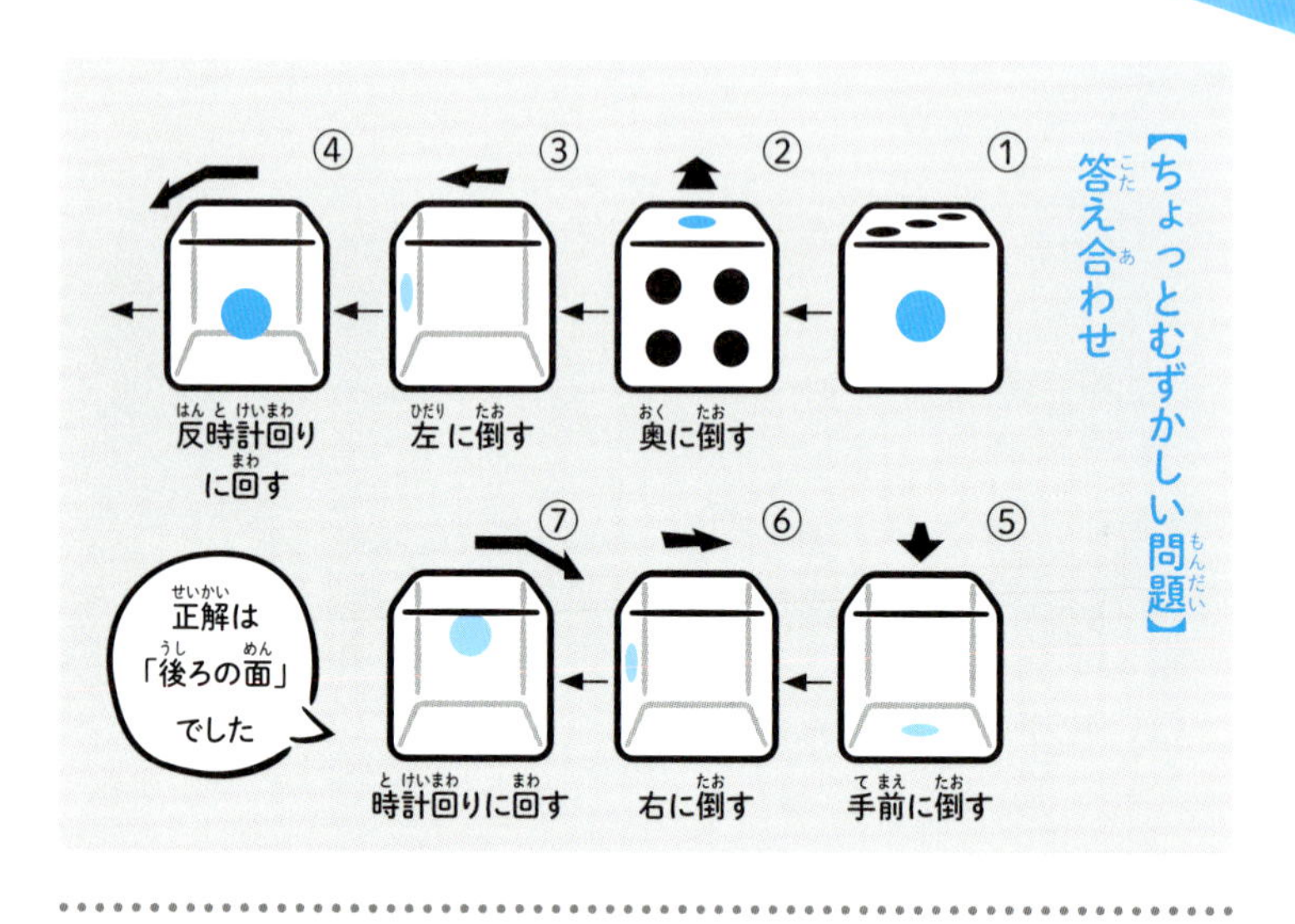

「手前⇕奥」「左⇕右」「時計回り⇕反時計回り」の3軸になると、ちょっとむずかしくなりますね。慣れてきたら、いろいろな方向にたくさん転がして、どんどんむずかしくしていきましょう。

鏡映描写

これはロボットアームの操作などに関係する「空間把握能力」を使う試験です。手元にある図形と自分の手を鏡に映して、それを見ながら手を動かして図形を正確になぞるというものです。段ボール箱と鏡があれば自分で作れますよ。

【手作り鏡映描写器の作り方】

①段ボール箱のふたを閉めて、点線の位置をハサミで切り取る
②段ボールの奥に鏡を置く
③鏡の前に図形がかかれた紙を置いて鏡に映っている自分の手と紙を見ながらえんぴつやペンで図形をなぞってみよう。

最初は「☆」のように簡単な図形から始めて、どんどん複雑な図形にチャレンジしてみましょう！

【パソコンでもできるよ！】

パソコンにつなげたマウスをさかさまに置いた状態で操作してみましょう！　最初はゆっくり、慣れてきたら少しずつ速く動かして、練習していきましょう。

宇宙船の操作を体験できるゲームもあるよ！

●スペースXドッキングゲーム「ISS Docking Simulator」

スペースX社が公開しているアプリゲームで、クルードラゴン宇宙船とISSのドッキングの手動操作を体験できます。宇宙船の軌道や姿勢をコントロールするための空間識を試せるぞ！

【PC・スマートフォン・タブレット版】
https://iss-sim.spacex.com/

●宇宙船運用体験ゲーム「HTV GO!（β版）」

JAXAのISS補給機「こうのとり」研究開発員が開発した「こうのとり」（HTV）やロボットアームを自分で操作してランデブー&キャプチャを体験できるゲームです。

【PC版】
https://ssl.tksc.jaxa.jp/htvgo/pc/

【スマートフォン・タブレット版】
https://ssl.tksc.jaxa.jp/htvgo/smartphone/

7 選抜試験を体験！「体」をきたえるべし

最後は「体」！　第6回選抜試験の第2次選抜でおこなわれた運動の試験を実際にやってみましょう。

●20メートルシャトルラン（往復する持久走）

宇宙飛行士は長い時間にわたる作業を続けることが必要！　その体力をみるテストです。学校の新体力テストでやったことがある人も多いと思います。シャトルラン用の音が入った動画があるので、ネットで検索して使ってみてくださいね。

20メートルごとに2本の線を引き、スタートはどちらかの線からです。音が鳴ったら、20メートル先の線まで走ります。線を越えるか、線に触れたら、すぐに元の線に戻ります。この動きをくり返します。音の間隔はだんだん短くなるので、どんどん速く走らないといけません。走れなくなるまで続けます。設定されたスピードで走れなくなるか、2回続けて線に触れられなかったら終わりです。それまで往復できた回数が記録になります。

ちなみに、2023年度におこなわれた新体力テストにおける全国平均記録では、小学校の男子46・91回、女子36・81回、中学校の男子77・76回、女子50・46回でした。

反復横跳び

宇宙飛行士は体を速く動かしたり、すばやく方向を変えたりすることが必要！その能力をみるテストです。これも、学校の新体力テストの項目に入っていますね。やり方は、1メートルごとに3本の線を引きます。真ん中の線をまたいで立ち、「始め」の合図で右の線を越えるか踏むまで横にジャンプします。そして、真ん中の線に戻り、次は左の線を越えるか踏むまでジャンプします。これを20秒間くり返します。右と左の線を越すか、踏むごとに1点です。

　2023年度の全国平均記録は、小学校の男子40・61点、女子38・74点、中学校の男子51・19回、女子45・65回でした。

●四足歩行

手足のバラバラな動きをすばやくスムーズにおこなう両手・両足の動きを見るテストです。両手と両足を交互に動かして、どれだけ速く前へ進むことができるかを測ります。動物のクマが歩いているような感じです。前の2種目の全国平均記録のような基準はありませんが、自分自身の記録を少しずつ更新していくことで、手足の能力もレベルアップしていきます。

8 宇宙飛行士たるもの、ユーモアを持つべし

宇宙飛行士になってミッションに取り組むときは、さまざまな国や人種の仲間と仲よくコミュニケーションをとれることが大切です。地球から遠く離れた宇宙空間での生活ではストレスがかかることもありますが、そんな場面でもユーモア（人を楽しくさせる力）があればみんなが笑顔になりますね。選抜試験でも、チームの雰囲気を明るくするユーモアがあるかどうかを見ています。たとえば、れみさんなら、絵をかくのが得意だからみんなに似顔絵をかいてあげたり、実はカラオケで物まねの練習をしていたこともあります。ユーモアの表現方法は人それぞれですよ！

- **お笑い芸人さんみたいな一発芸を考えてみる**
- **人前で歌ったり踊ったりしてみる**
- **変顔の練習をしておく**
- **他の人が言ったことを「いいね！　面白いね！」と全力で盛り上げる**

などなど。何か一つでもいいので、まわりを笑顔にできるとっておきの武器を持っておくといいですね！

9 宇宙飛行士たるもの、宇宙飛行士を体験すべし

ＪＡＸＡ宇宙教育センターのホームページ(https://edu.jaxa.jp/)で公開されている宇宙教育教材の「宇宙服のひみつを探ろう」では、船外活動用の宇宙服のヘルメットとグローブの作り方が紹介されています。この教材で紹介されているヘルメットとグローブを作って、実際に着けてみましょう。ヘルメットを着けると君たちが思っているよりもまわりが見えにくくなること、グローブを着けると手を動かすのがむずかしいことにびっくりすると思います。こ

ヘルメットの作り方

5 宇宙服のヘルメットを体験しよう

両面テープ（裏）　（紙の白い方が表）

表に線を引く。切らない!!

（3）は何も線を引かない。

両面テープ（表）　線を引く。切らない!!

半分に切る　カット　（こちらの半分は使わない）

『ポイント：角と下を合わせる』

作り方

① 12-6ページの図を参考に２枚の厚紙から左の（１）～（６）の形を切り取ります。それぞれの形（パーツ）には（１）～（６）の番号を書いておきます。

② （１）（２）（４）（５）のそれぞれに、図の→で示したような線をえんぴつでうすく引きます。

③ （６）を図のように半分に切り、両端の下の角をカットします。

④ （１）～（４）の裏側の両端に図のように両面テープを貼り、ホッチキスで補強します。（安全のため、ホッチキスで止めた部分にはセロハンテープを貼り付け、針の先が露出しないようにしましょう。）
（５）には図のように、表側の２か所に両面テープを貼り、ホッチキスで補強します。
（６）には図のように、裏側の３か所に両面テープを貼り、ホッチキスで補強します。

⑤ （１）～（６）を図のようにえんぴつで引いた線を目安にして貼り合わせます。これで完成です。

かぶってみよう

このヘルメットをかぶって、直立した姿勢でいろいろな方向を見てみましょう。あごの部分がじゃまになって、視野が限られることがわかります。この状態で、宇宙飛行士の胸にあるモジュールを操作することは容易ではありません。
そこで、宇宙飛行士は手首に着けた鏡にモジュールを映し、それを見て操作します。そのため、つまみの数字は写真のように鏡文字になっています。

科学実験 12-5

の２つを身に着けたら、君は宇宙飛行士です！「月に行った宇宙飛行士のミッション」に挑戦してみましょう！

【ミッション「月の石をゲットせよ」】

ヘルメットとグローブを身に着けたら、君は月面に立った宇宙飛行士役、家族やお友達に地上の管制官役になってもらいましょう。

次に、ふたがついた空のペットボトルと、さまざまな色のスーパーボール（消しゴムやビー玉などでもＯＫ）を入れた箱をそれぞれ別々の机など倒れない安定した場所に置きます。さあ、ミッション開始です。

グローブの作り方

6　宇宙服のグローブを体験してみよう

宇宙服のグローブ（手袋）は、胴体や足の部分と同じように、10枚以上の素材を重ねて作ってあります。このグローブをはめると、どのような感じなのでしょう。ゴム手袋と軍手を次のように重ねると、宇宙服のグローブを着けたときと似た感覚になります。両手とも同じようにして、後で何か作業をしてみましょう。

ゴム手袋と軍手を重ねる手順

①最初に、キッチン用のゴム手袋を両手にはめます。

②ゴム手袋のはしに（医療用）粘着テープをぴっちり巻いて、ゴム手袋がずれないようにします。粘着テープにかぶれやすい子どもには、直接はだに触れないように巻きましょう

③幅1cmぐらいに割いた布製のガムテープを、5本の指先から手首にかけて貼り付けます。このとき、手は力を抜いた状態でガムテープを貼ってください。手がつっぱった状態でガムテープを貼ると、あとで指がまったく動きません。

指先を折り返すと、あとではがれにくい。

5本のテープの上から、さらに手首を一周巻いて、ガムテープを貼ります。

④この上にさらに軍手を2枚重ねてはめます。

★毎日当たり前に行っている作業をしてみましょう。ペットボトルのキャップを回す、机に置いたえんぴつを手に取る、えんぴつで文字を書くなど、いろいろな作業に挑戦してみましょう。

科学実験 12-7

出典：宇宙教育指導者向け 宇宙へつなぐ活動教材集「宇宙服のひみつを探ろう－宇宙服－」
発行：宇宙航空研究開発機構 宇宙教育センター
制作：公益財団法人日本宇宙少年団
https://edu.jaxa.jp/materialDB/contents/detail/#/id=78879
(2024年7月31日参照)

①ペットボトルが置かれた机まで歩いていき、ペットボトルのふたを開ける。
②スーパーボールを入れた容器が置かれた机まで歩いていき、地上管制官から指示された色のものを選んで取る。

ペットボトルのふたを開けるのは月で作業をする体験、スーパーボールを取るのは月の石をとる体験です。ミッションを完了したら感想をノートに書いておきましょう。ヘルメットを着けた時と着けない時はどんな違いがありましたか？グローブでうまく作業ができましたか？もっとうまく動くにはどうしたらいいかな？　体験するとわかることがたくさんあると思います！

図：ミッション「月の石をゲットせよ！」

10

君が人類で初めて火星に降り立ったら……

これまで宇宙に行った人々は、さまざまな名言を残しています。

「地球は青かった」

byユーリ・ガガーリン

（1961年、人類で初めて宇宙に到達。44ページ参照）

「これは一人の人間にとっては小さな一歩だが、人類にとっては偉大なる飛躍である」

byニール・アームストロング

（1969年、人類初の月面着陸。44ページ参照）

「最初の1、2日は、みんなが自分の国を指していた。3、4日目は、それぞれ自分の大陸を指さした。そして5日目には、みんなの前には、たった1つの地球しかなかった」

Byスルタン・ビン・サルマン・アル・サド

（サウジアラビアの宇宙飛行士。

1985年、サウジアラビア初〈イスラム教徒としても初めて〉の宇宙飛行士としてスペースシャトル「ディスカバリー号」に搭乗）

宇宙飛行士たるもの、名言を残すべし。2040年、宇宙飛行士になった君が人類で初めて火星に降り立った時、最初にどんな言葉を言いますか？ 歴史に残る一言を考えてみよう！

宇宙飛行士マインド11
自分の思ったことを
うまく表現して
みんなに伝えるピ

宇宙飛行士マインド12
自分が宇宙飛行士
だったら…と考えて
行動しようピ

【参考文献】
「令和5年度　全国体力・運動能力、運動習慣等調査結果」（スポーツ庁）

LESSON

宇宙（うちゅう）をめざす君（きみ）たちへ

ここまでたどり着いた君たち、本当に本当によく頑張りました。全部のレッスンを終えた君を、「未来の宇宙飛行士」に認定します！

1 いつも胸に「宇宙飛行士マインド」を

これからは日常の生活が、宇宙飛行士を目指す訓練になります。もし学校の廊下にゴミが落ちていたら……？ 宇宙飛行士なら絶対に拾う！ もしお家でお手伝いが必要になったら……？ 宇宙飛行士ならチームワークを発揮するはず！

こんなぐあいに、迷ったときは「もし自分が宇宙飛行士だったら……？」と1回考えてみてください。ここまでレッスンを積んだ君なら、どう行動すればいいかわかるはず。これが、宇宙飛行士の心構えや意識のもち方、精神である〝宇宙飛行士的な考え方〟、「宇宙飛行士マインド」です。

この本で学んだ宇宙飛行士マインドでいろいろなことに挑戦して、いろいろな場所に行って、いろいろな人に出会って、いろいろな経験をしてください。たとえ失敗してもあきらめずに挑み続け、宇宙飛行士へさらに100歩、1000歩と近づいていってください。あきらめずに、失敗してもまた立ち上がって挑戦することで、宇宙飛行士マインドはどんどん大きくなります。宇宙飛行士マインドで過ごすことで目標に近づいていきますし、宇宙規模で大活躍する〝すごいこと〟ができる大人になれますよ！

そして、最後に一つだけ、君にお願いがあります。この本を大人になって宇宙飛行士候補者選抜試験を受けるまで、ずっと持っていてください。そして、いざ試験を受ける時には、お守りとしてこの本を会場に持って行ってほしいのです。そうしたら、きっと会場でこの本を持っている人と出会うはず。その人はお友達であり、ライバルでもあるので、おたがいを高め合うことができるでしょう。そうすれば君はもっともっとレベルアップすることができますし、とってもかけがえのない仲間ができるはずです。今、君が手にしているこの本は、今、同じ気持ちで宇宙飛行士をめざしている未来の仲間に出会うことにもつながっているのです。

これから20年後には、君と、君の宇宙飛行士仲間たちが、とってもすごいことをしてくれるかも！　と、れみさんはワクワクしています。

2 君たちの1歩が人類の大きな飛躍になる

LESSON6の最後に紹介したニール・アームストロング船長の言葉、「これは一人の人間にとっては小さな1歩だが、人類にとっては偉大なる飛躍である」。れみさんは、君たちがこの本によって宇宙飛行士への1歩を踏み出すことは、未来に人類が大きな飛躍をする始まりだと思っています。

君が宇宙飛行士になったら、そのときは、「私が宇宙飛行士を目標にできたのは、この本がきっかけです」と言ってくれたらうれしいです。れみさんはきっとうれしくて号泣しちゃうと思います。それが、れみさんの大きな「目標」です。

あきらめないで挑戦を続ける君なら、きっと宇宙飛行士になれるよ。いつも、ずっと、れみさんは応援しているよ。エイエイオー！

この本が、宇宙飛行士をめざす君の、バイブル、道しるべになりますように。

読んでみよう！ おすすめの本10冊

宇宙や天文のことをもっと知ったり、学びたいなら本を読むのがおすすめ。また、宇宙分野だけではなく、科学や自然に関する本や冒険小説も君を成長させてくれるはず！　ここでは10冊を紹介します！

宇宙飛行士だから知っている すばらしき宇宙の図鑑（KADOKAWA）／野口聡一著

宇宙飛行士の野口聡一さんが宇宙のふしぎを紹介。宇宙でのミッションなどの実体験だけでなく、「ISSってなに？」というような基礎知識から、宇宙・天体にまつわる面白い話を教えてくれる。

星宙の飛行士（実務教育出版）／油井亀美也・林公代・国立研究開発法人宇宙航空研究開発機構（JAXA）著

宇宙飛行士の油井亀美也さんが宇宙で撮った91点の写真を、撮影時の貴重なエピソードとともに紹介。油井さんが宇宙飛行士になる夢をあきらめずに追いかけた道のり、愛する宇宙の星々と宇宙から見た「守るべき地球」への熱い思いを知ることができる。

十五少年漂流記（講談社青い鳥文庫）／ジュール・ヴェルヌ著

無人島に漂流した少年たちが知恵と勇気をふりしぼり、力を合わせて生活していく物語。宇宙と無人島では舞台が違うが、100年以上にわたり読者を感動させてきた不朽の冒険小説。

海底二万里（上・下）（新潮文庫）／ジュール・ヴェルヌ著

船に穴が開く怪事件の調査に乗り出した主人公が、謎の潜水艦「ノーチラス号」にとらえられ、潜水艦の船長とともに深海を旅する物語。宇宙飛行士の金井宣茂さんもおすすめ。

宇宙飛行士は見た 宇宙に行ったらこうだった！【改訂版】（repicbook）／山崎直子著

宇宙飛行士の試験や訓練、宇宙食、スペースシャトルや国際宇宙ステーションのことなど、誰もが知りたい宇宙に関する117の質問について、山崎直子さんが実際に経験したエピソードもまじえてわかりやすく教えてくれる。

ニュートン科学の学校シリーズ　宇宙の学校（ニュートンプレス）／縣秀彦監修

科学雑誌『Newton』の子ども版・『科学の学校シリーズ』。宇宙をテーマにしたこの本では、太陽系や星、銀河など宇宙と天体の謎について楽しく学ぶことができる。

国立天文台教授が教える ブラックホールってすごいやつ(扶桑社)／本間希樹著

世界初のブラックホール撮影に成功したEHTプロジェクトチームの日本側の責任者・本間希樹さんが、ブラックホールや宇宙の神秘を解説。吉田戦車さんによるイラストも必見。

小学館の図鑑NEO[新版]宇宙(小学館)／池内了監修、大内正己・勝川行雄・川村静児・小久保英一郎・田村元秀・橋本樹明・半田利弘・坂東信尚監著

3歳から小学校高学年まで長く使える本格宇宙図鑑。特典DVDには宇宙飛行士の大西卓哉さんも登場。わからないことは、図鑑ですぐに調べよう!

人工衛星の"なぜ"を科学する: だれもが抱く素朴な疑問にズバリ答える!(アーク出版)／NEC「人工衛星」プロジェクトチーム著

人工衛星の種類や仕組みだけでなく、人工衛星にまつわるさまざまな知識を、開発に取り組んできたNECの技術者たちが解説してくれる。

科学漫画サバイバルシリーズ 宇宙のサバイバル1～3(朝日新聞出版)／洪在徹・李泰虎著

ロシアの宇宙センターに行くことになった主人公がライバルと競い合いながらきびしい訓練を受け、ロケットに乗って国際宇宙ステーションに行く物語を通して、宇宙の知識を楽しく学べる。

見てみよう！ おすすめの映画・アニメ5本

宇宙に関するおすすめ映画・アニメを紹介します。DVDやブルーレイ、オンデマンド配信などで見られる作品もたくさんあるので、ぜひ調べてみてね。最初の3作品は、宇宙飛行士になる前に絶対見てほしい作品!

アポロ13(1995年アメリカ、配給:ユニバーサル映画)

史上3度目の月面着陸をめざして打ち上げられたアポロ13号だったが、酸素タンクが爆発し、月面着陸どころか地球へもどることもむずかしくなる。アポロ13号で起きた事故の実話をもとに、絶望的な状況から、さまざまな試練を乗りこえて地球に無事帰還した3人の宇宙飛行士たちと、地上から彼らを支えたジョンソン宇宙センターの管制官たちの決してあきらめない姿を感動的に描く。宇宙飛行士をめざすなら一度見てほしい名作。

「オデッセイ」(2015年アメリカ、配給:20世紀フォックス)

火星に取り残された宇宙飛行士の奮闘を描いたSF冒険小説『火星の人』を映画化。火星に行く宇宙飛行士になりたい君に、おすすめの映画!

「ライトスタッフ」(1983年アメリカ、配給:ワーナー・ブラザース)

アメリカのドキュメンタリー小説『ザ・ライト・スタッフ』を映画化。歴史上初めて人間が宇宙船で宇宙に行くことをめざす「マーキュリー計画」実現のために選ばれ、国の期待を背負った7人の宇宙飛行士たちと、空への孤独な挑戦を続けた戦闘機パイロット。未知の領域に挑むそれぞれの姿を描いた熱い人間ドラマ。宇宙飛行士の油井亀美也さんが『星宙の飛行士』で、宇宙飛行士をめざすきっかけになったと書いている作品。

「宇宙なんちゃら こてつくん」(2021年日本、製作:ちょっくら月まで委員会)

WEBマンガ『宇宙なんちゃら こてつくん』のテレビアニメ。アニマル国宇宙アカデミーに通うパイロット科1年生の主人公こてつが、仲間と一緒に宇宙をめざす青春物語。NHK Eテレで2021年4月〜2024年3月に放送された。

「宇宙兄弟」(2012年日本、配給:東宝)

マンガ『宇宙兄弟』の実写版映画。子どもの頃から宇宙にあこがれていた2人の兄弟の物語。弟は念願の日本人宇宙飛行士となった一方、兄は会社をクビになってしまい、弟との差に落ち込んでいた。ところがある日、兄に弟からの連絡があり、兄弟の夢が再び動き始める。宇宙への夢をひたむきにめざす兄弟の姿を通し、夢を追い続ける勇気と、熱い思いが伝わる作品。

行ってみよう!
訪れてみたい宇宙関連の施設

★本物を見て、感じて、体験することも大事! 見学できるJAXAの関連施設を紹介します。見学に行く前に、開館時間、入場料、見学する際の注意点などを各施設のホームページで確認してね。

筑波宇宙センター
茨城県つくば市
029-868-2023
https://fanfun.jaxa.jp/visit/tsukuba/

種子島宇宙センター
鹿児島県熊毛郡南種子町
0997-26-9244
https://fanfun.jaxa.jp/visit/tanegashima/

大樹航空宇宙実験場
北海道広尾郡大樹町　01558-9-9013
https://fanfun.jaxa.jp/visit/taiki/

能代ロケット実験場
秋田県能代市　0185-52-7123
https://fanfun.jaxa.jp/visit/noshiro/

角田宇宙センター
宮城県角田市　0224-68-3111
https://fanfun.jaxa.jp/visit/kakuda/

地球観測センター
埼玉県比企郡鳩山町　049-298-1200
https://fanfun.jaxa.jp/visit/hatoyama/

勝浦宇宙通信所
千葉県勝浦市　0470-77-1601
https://fanfun.jaxa.jp/visit/katsuura/

調布航空宇宙センター
東京都調布市　0422-40-3000
https://fanfun.jaxa.jp/visit/chofu/

相模原キャンパス
神奈川県相模原市　042-751-3911
https://fanfun.jaxa.jp/visit/sagamihara/

臼田宇宙空間観測所
長野県佐久市　0267-81-1230
https://fanfun.jaxa.jp/visit/usuda/

内之浦宇宙空間観測所
鹿児島県肝属郡肝付町
050-3362-3111
https://fanfun.jaxa.jp/visit/uchinoura/

増田宇宙通信所
鹿児島県熊毛郡中種子町
0997-27-1990
https://fanfun.jaxa.jp/visit/masuda/

沖縄宇宙通信所
沖縄県国頭郡恩納村　098-967-8211
https://fanfun.jaxa.jp/visit/okinawa/

上斎原スペースガードセンター
岡山県苫田郡 0868-44-7358
https://www.jaxa.jp/about/centers/ksgc/

美星スペースガードセンター
岡山県井原市　0866-87-9071
https://www.jaxa.jp/about/centers/bsgc/

西日本衛星防災利用研究センター
山口県宇部市　050-3362-2900
https://www.jaxa.jp/about/centers/rscd/

★各地にある宇宙関連の科学館やプラネタリウム、天文台の一部を紹介します。開館日、開館時間、料金などはインターネットで調べたり、施設に問い合わせて確認してください。

余市宇宙記念館「スペース童夢」
北海道余市郡　0135-21-2200

りくべつ宇宙地球科学館（銀河の森天文台）
北海道足寄郡　0156-27-8100

国立天文台 水沢キャンパス
岩手県奥州市　0197-22-7111

奥州宇宙遊学館
岩手県奥州市　0197-24-2020

角田市スペースタワー・コスモハウス
宮城県角田市　0224-63-5839

郡山市ふれあい科学館 スペースパーク
福島県郡山市　024-936-0201

向井千秋記念子ども科学館
群馬県館林市　0276-75-1515

さいたま市青少年宇宙科学館
埼玉県さいたま市　048-881-1515

白井市文化センタープラネタリウム
千葉県白井市　047-492-1125

国立天文台 三鷹キャンパス
東京都三鷹市　0422-34-3600

はまぎんこども宇宙科学館
神奈川県横浜市 045-832-1166

宇宙科学博物館コスモアイル羽咋
石川県羽咋市 0767-22-9888

ディスカバリーパーク焼津天文科学館
静岡県焼津市 054-625-0800

半田空の科学館
愛知県半田市 0569-23-7175

岐阜かかみがはら航空宇宙博物館（空宙博・そらはく）
岐阜県各務原市 058-386-8500

四日市市立博物館・プラネタリウム
三重県四日市市 059-355-2700

文化パルク城陽プラネタリウム
京都府城陽市 0774-55-7667

大阪市立科学館
大阪府大阪市 06-6444-5656

明石市立天文科学館
兵庫県明石市 078-919-5000

紀美野町立みさと天文台
和歌山県海草郡 073-498-0305

鳥取市さじアストロパーク
鳥取県鳥取市 0858-89-1011

岡山天文博物館
岡山県浅口市 0865-44-2465

5-Daysこども文化科学館
広島県広島市 082-222-5346

防府市青少年科学館ソラール
山口県防府市 0835-26-5050

久万高原天体観測館
愛媛県上浮穴郡 0892-41-0110

高知みらい科学館
高知県高知市 088-823-7767

北九州市科学館（スペースLABO）
福岡県北九州市 093-671-4566

福岡県青少年科学館
福岡県久留米市 0942-37-5566

佐賀県立宇宙科学館
佐賀県武雄市 0954-20-1666

少年科学館「星きらり」
長崎県佐世保市 0956-23-1517

JX金属 関崎みらい海星館
大分県大分市　097-574-0100

宮崎科学技術館
宮崎県宮崎市　0985-23-2700

薩摩川内市せんだい宇宙館
鹿児島県薩摩川内市　0996-31-4477

那覇市牧志駅前ほしぞら公民館
沖縄県那覇市　098-917-3443

【著者紹介】

榎本 麗美（えのもと・れみ）

宇宙キャスター®/宇宙のおねえさん®/日本宇宙少年団（YAC）東京日本橋分団 分団長

理工学部バイオサイエンス学科卒業後、地方テレビ局のアナウンサーに。2007年にフリーアナウンサーとなり報道キャスターを中心に活動。19年より宇宙キャスター®として多くの宇宙番組を企画・放送。20年にJAXA共創型研究開発プログラム「J-SPARCナビゲーター」就任。宇宙関連の活動が評価され「日テレAWARDS2022」にてバリュアブル・パートナー賞受賞。JAXAや民間企業主催イベント・番組出演のほか自ら宇宙イベントを企画・主催。21年に宇宙飛行士候補者選抜試験受験者を対象とした「めざせ！未来の宇宙飛行士講座」を開講。22年にYAC東京日本橋分団を創設し、宇宙時代に活躍できる次世代育成に尽力。慶應義塾大学大学院システムデザイン・マネジメント研究科の修士課程にて探求・STEAM教育の研究をしている。テレビ東京系列「おはスタ」にて「宇宙のおねえさん®」として出演。

めざせ！未来（みらい）の宇宙飛行士（うちゅうひこうし）

2024年11月4日　初版発行

著　者　榎本 麗美
発行者　花野井道郎
発行所　株式会社時事通信出版局
発　売　株式会社時事通信社
〒104-8178　東京都中央区銀座5-15-8
電話03（5565）2155　https://bookpub.jiji.com

ブックデザイン・DTP／牛尾敬子・大野木裕子（キクマル）
イラスト／中村友美
編集協力／杉原まゆ
印刷・製本／シナノ印刷株式会社

Printed in Japan
ISBN978-4-7887-1994-1 C8044